圖解 **加工材料**

兼顧品質╳成本╳交期之外觀與實用性，
實現產品設計的最高材料應用學

西村仁 著
陳嘉禾 譯

掌握材料，
實現主動的設計力

　　在材料使用與材料知識的面向上，相信很多設計師與我有相同的經驗：大部分的材料選定方式都是依靠設計過程中與工程師討論及參考供應商提供的規格資料所決定的；筆者在從事工業設計30年的歷程中了解到，設計師對於材料的使用一直處於「被運用」的模式中，以致「設計」缺乏材料運用的原創性；當然，很多的「設計」也被侷限在現有材料工藝與「不知其所以然」的「指定運用」的盲點中。

　　當代設計思維中，創新的材料運用思維，不但可以創造原有產品品項的與眾不同，也大大增加設計的創新內涵。例如筆者所設計的 Ader Chair，就是為了達到有韌性回彈的椅背支撐效果，協同材料廠商開發出一種具有韌性回彈的 PA（尼龍），創造出全新的椅背支撐模式，並一舉獲得2014年IDEA獎的肯定。在我從業設計領域多年，深刻體悟設計師對於材料運用是一種基本職能，也是可以不斷創新的源泉。

材料的認識與運用對於工業設計師與其設計作品的品質影響巨大，筆者在閱讀完《圖解加工材料》之後，有感而發：用組織圖圖解說明材料的物理化學特性、加工處理過程與運用範疇，這樣的「一目了然」，對於大多數以圖像增加思考能力的設計師們，具有非常深遠的影響與價值。這也讓我在閱讀完這本書後更有感觸。雖然是「硬知識」的說明，卻有「軟置入」的使用者體驗，將生硬的理工知識轉化成為視覺溝通的記憶，這是「工業設計」職人的一項福音，也是我們可以期待工業設計學生或設計師不可或缺的參考資料。

陳德勝　Ader Chen. Xcellent Design

前言

製作產品時必備的材料知識

　　以產品製作來說，材料、圖面以及加工方法都是必須了解的知識。除了產品開發者、設備設計者、產品承造、物料管理、以及品管人員選擇材料、進行採購談判和成本控管提案時需要活用材料知識以外；對文組出身的營業人員來說，為了能夠理解客戶的需求，也是極為重要的知識。然而，材料同時卻也是一門不容易理解、難以親近的知識範疇。即使是機械系出身的技術人員都要下過一番苦功才能掌握。對初學者來說，肯定會形成巨大的知識門檻。它困難的理由在於，材料的種類太多、不容易掌握各自的特徵及差異；結晶構造等金屬學的知識難以進入、也無法想像在實務上如何活用；以及在選定材料時，不容易知道具體是以怎樣的程序進行。

為了解決上述困難

　　本書以在製品、生產該製品的設備、以及人工作業使用的治具上所用的材料為討論對象，並聚焦於「在一般環境使用」這個前提。若是像必須有絕對可靠度的飛機、超過1000℃的熔爐、承受高壓的鍋爐、跨海大橋、營造機械等用於特殊環境的材料就直接省略。學術性的金屬學解說也略而不談，而是將力道集中在材料知識的活用、選擇方法這類的「實務面」上。然後，「熱處理」本來是加工方法的一種，但因為是會改變材料性質的作業，又是學習材料知識的重要主題，因此也納入本書內容。

本書的預設讀者群

本書的對象，除了初次開發產品、或因設計設備而要選定材料的技術人員外，也涵蓋至今未有接觸材料知識的文組出身人員，像是採購、生產管理、品管等部門工作者；以及曾因困難而放棄，但現在想從基礎重新學起的讀者。

為了使大家能夠徹底掌握材料的基礎知識，本書會將大家所不熟悉的專門用語以容易理解的方式介紹，所以並不需要額外的背景知識。請放輕鬆閱讀。

而對於在理工學校就讀的學生們，我想也可以從本書了解到實務的思考方式。

本書的構成和閱讀方式

本書的構成，首先以第1章做為序論呈現出材料的全貌，將為什麼任誰都會覺得困難的理由牽出頭緒，加深對之後章節的的理解。第2和第3章，則掌握了材料性質的強度、重量、電或熱傳導性質等的讀取方式。第4和第5章，則介紹了每種材料的特徵。第6章的熱處理則是可以改變材料性質的重要處理。特別是高價的合金鋼就是要先以這個熱處理加工。第7章則在前六章的基礎上，介紹材料的選定流程和具體的種類。這七個章節就是本書最主要想傳達的內容。

而不只材料知識，技術知識也不需要硬背，而是請有意識地理解。要把大量的知識硬背起來是極為困難的，必要的時候查閱資料和文獻就好。重要的是，這個資訊要如何讀取與活用。因此，理解資訊的讀取方式，以及如何選擇最適材料的思考方法就變得非常重要。但儘管如此，因為也有一些實務上記起來很方便的東西，這個時候會在文中告知。另外，雖說本書的架構不管從哪一章開始都能讀，但第1章到第3章是把握整體的基礎，請大致讀過。第4、5、6章，若只挑有興趣的地方跳著讀也沒關係。第7章選定材料的順序則希望讀者務必能將它運用於實務上。

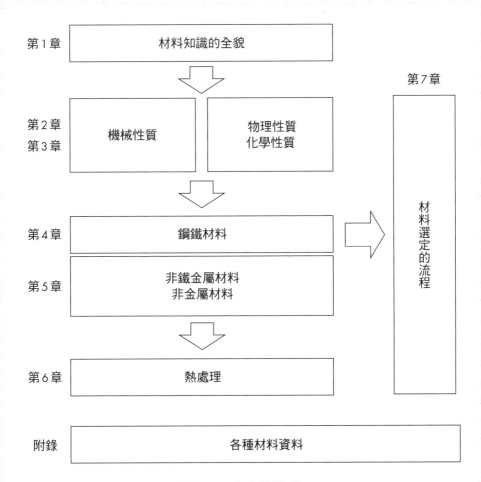

第1章　　材料知識的全貌

第2章　機械性質　　物理性質
第3章　　　　　　　化學性質

第4章　鋼鐵材料

第5章　非鐵金屬材料
　　　　非金屬材料

第6章　熱處理

第7章　材料選定的流程

附錄　　各種材料資料

圖0.1　本書的構成

本書所介紹的各種材料

以本書介紹的材料來說，金屬材料的部分有鋼鐵材料、鋁系材料、銅系材料，其他材料的部分則有鈦、鎂；非金屬材料則有塑膠材料和陶瓷材料。

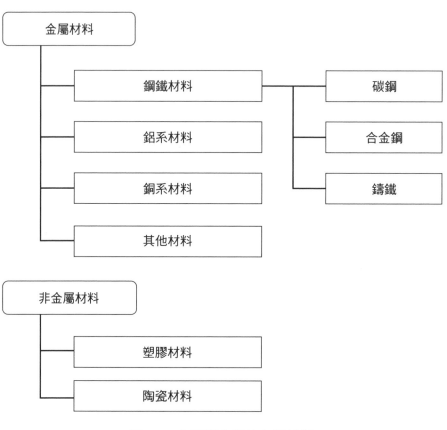

圖0.2　本書所介紹的各種材料

關於單位

表示材料性質的各數值單位，使用的是國際單位制（SI）。然而，雖然力量大小以牛頓（N）表示，但因不容易有實際的聯想，所以本書也會一併標記舊單位系統中的重力單位，也就是公斤（kgf）。並在介紹具體事例時優先使用 kgf。

N 和 kgf 的關係是：

1 kgf=9.80665N（一般都將數字簡記為 1 kgf≒9.8N）

1N=0.10197 kgf

但即使記為：

1 kgf≒10N

1N≒0.1kgf

因為只有2%的誤差，對整體掌握上並沒有問題。

雖然本書是以 N/mm² 和 kgf/mm² 表示材料強度，但有些書則以 MPa 來表示。兩者的關係為 1MPa=1 N/mm²。

另外，本書所記載的各種材料資料都是一般值（參考值）。精確的數值請對照各材料廠商的公開資料做確認。

關於專門用語

為了讓文組出身的人也容易閱讀，會盡可能採用一般用語。比如說技術書籍在表示力的時候，會將力的大小稱做「荷重」；把每單位面積受力大小稱做「應力」。本書則在讀者能分別荷重和應力後，都採用一般用語「力」來做說明。再者，對於理解會比較好的專門用語，也有留心解說其意義。

前言

第 **1** 章

材料知識的全貌

第2章　材料的性質和機械性質

物理性質和化學性質

鋼鐵材料

第 **5** 章　非鐵金屬材料及非金屬材料

熱處理

第7章 材料選定的程序

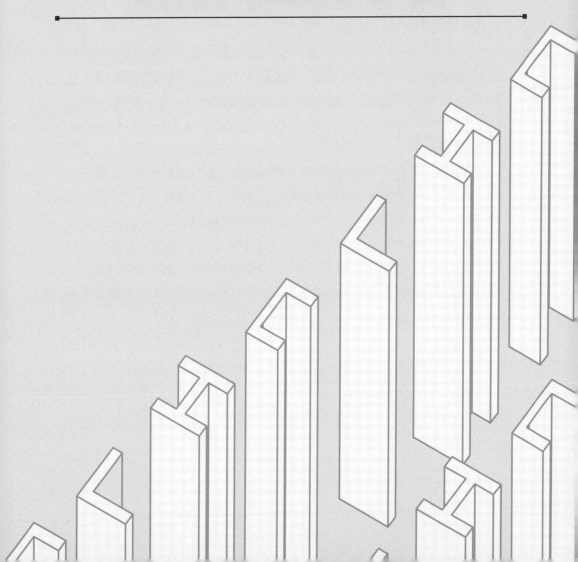

第 **1** 章

材料知識的全貌

掌握材料和熱處理的全貌

材料的全貌

　　首先來看看材料的全貌吧。材料可大致分為「金屬材料」、「非金屬材料」與「特殊材料」。金屬材料中有使用量占壓倒性多數的「鋼鐵材料」，以及鋁、銅、鈦等「非鐵金屬材料」。非金屬材料有塑膠、陶瓷、橡膠等。特殊材料則是製造廠商以獨家技術所開發的機能材料，或者以兩種以上相異材料組成的複合材料。比如說，被用在航空器的纖維強化塑膠，就是以碳纖維和塑膠組合而成的特殊材料。

　　本書並不會均一地解說各種材料，而是著重在一般環境下使用的製品、生產該製品所用的生產設備、以及於人工作業治具常被使用的通用材料。關於特殊材料的部分，因為是各廠商的原創產品所以在本書予以省略。

熱處理的全貌

　　熱處理不同於會改變物體形狀的機械加工，而是透過加熱和冷卻，在不改變物體形狀下讓材料性質產生變化的加工方式。也並非每次都要經過熱處理，僅於必要時施行。熱處理常被使用在鋼鐵材料上。「淬火」是將材料硬化的處理；「回火」能增加淬火過的材料韌性；「退火」是軟化材料或去除材料內部應力的處理；「正火」則是使材料回復到標準狀態的處理。相對於這種對材料全體所做的熱處理，僅對材料表面施做的是被稱為「高週波淬火」或「滲碳」的熱處理方式。

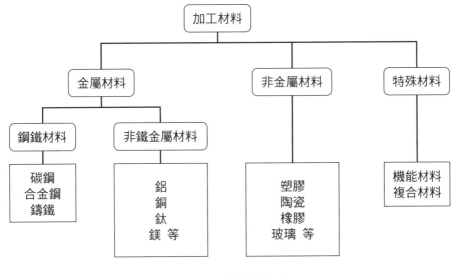

圖1.1 材料的全貌

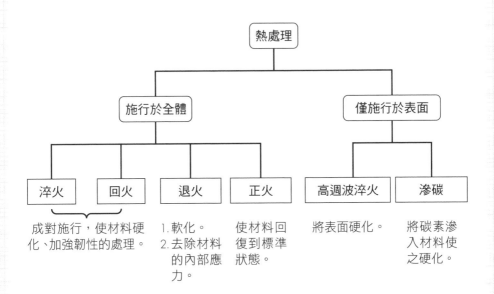

圖1.2 熱處理的全貌

掌握主要材料的特徵

　　雖然在第4、5章會針對個別特徵有更詳細的說明，但在這邊還是先從表1.1整理出的五種金屬與非金屬材料來掌握整體的特徵。訣竅就在於將鐵做為基準來比較看看。

　　鐵在抗外力強度這方面最為優秀。相對於鐵，鋁雖然在強勁性方面不佳，但其最主要的特徵在於重量僅有鐵的三分之一。銅則在導電性和導熱性上有著壓倒性的優勢；做為銅的用途之一，常被使用的銅線，就是活用其優異的導電性。「鐵很強」、「鋁很輕」、「銅的導電和導熱性好」就是它們最大的特徵。

　　相對於這些金屬材料，非金屬材料的塑膠則是具有獨特個性的材料。因為材料本身為由人工合成的高分子材料，很容易熔化塑型，它的特徵就是極輕易地就能自由做到金屬做不到的透明性或染色性。但另一方面，因為強勁性差且耐熱性低，不適用於受力的結構物上。「塑膠的自由度高」就是其特徵。

　　另一種非金屬材料的陶瓷則為燒製品。日常生活中常見的茶碗和磚塊也是陶瓷的一種。此外，若是材料成分和燒製條件受到嚴格控制的陶瓷則會被用來製作機械零件、電子零件或磁石。「陶瓷堅硬且不生鏽」是其特徵。

　　以單位重量來比較材料價格的話，由低自高排列為：鐵（冷軋鋼板）每公斤80日圓、鐵合金的不鏽鋼為每公斤300日圓、鋁每公斤580日圓、銅（黃銅）每公斤600日圓。（2013年度資料）

　　接著以同尺寸大小來比較的話，鋁因為輕所以和不鏽鋼順位互換，和鐵比較起來，鋁大約要兩倍以上的價格、不鏽鋼為接近四倍的價格、銅則為八倍的價格。

　　首先就像這樣掌握住整體性的概念吧。

表1.1 主要材料的特性

	金屬材料			非金屬材料	
	鐵	鋁	銅	塑膠	陶瓷
重量	基準	鐵的 1/3	和鐵相同	鐵的 1/5	鐵的 1/2
強勁性	◎	○	○	×	○
導電性	○	◎	◎	×	×
導熱性	○	◎	◎	×	×
價格	◎	○	△	○	△
主要特徵	具強勁性	輕量	導電和導熱性	自由度高	堅硬且不生鏽

◎為非常優秀 ○為優秀 △為普通 ×為不佳（不實用）

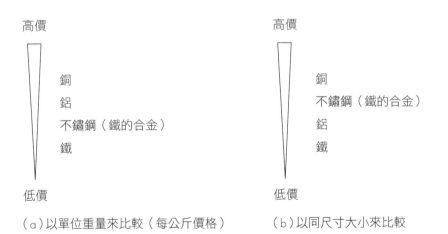

（a）以單位重量來比較（每公斤價格） 　（b）以同尺寸大小來比較

圖1.3　材料價格

選擇材料時的重要考量因素

從品質‧費用‧交期的觀點來看

選定材料時要以品質（Quality）、費用（Cost）、交期（Delivery）的觀點來思考。將其各自第一個英文字母連結而成的「QCD」，是談到產品製造時常出現的用語，對這邊要介紹的材料選定來說也適用。從QCD的觀點來看，選擇材料時的重要考量因素如下：

1）能滿足強勁性等的必要性質，且品質沒有參差不齊的狀況
2）容易加工
3）價格低廉
4）備有板狀或棒狀等許多的形狀和尺寸種類可供選擇
5）容易取得

接著我們個別來看。

品質的參差程度

首先是材料性質要能滿足所需，再來材料品質的穩定也很重要。同樣的材料若因購買來源或購買時期不同而在品質上有所差異的話將會很困擾。鋼鐵廠商在出貨時會發行鋼材檢查証明書做為證明鋼材品質的文件。顧客依這個鋼材檢查証明書來判斷材料有沒有符合規格要求，進貨時就不必另做檢驗。因為實務上要在自己公司做材料的化學成分檢測和強勁性測試是有困難的。一般來說，在對材料商下單購買的時候只會指定材料的種類及尺寸，鋼鐵廠則交由材料商全權負責。因為以材料使用者的立場來看，只要能確保達到品質要求，不管鋼鐵廠商是哪家都沒有關係。

加工的容易程度和製造成本

　　接者來看看成本的部分。製造方的使命就是即便只省了一日圓也要把東西便宜地做出來。製造時在工廠發生的所有費用總額稱為製造成本，其中包括「材料費」、「勞務費」、「折舊費」、「電費等他項費用」。折舊費就是使用加工機器的成本。當在做某種加工時，用手工加工和使用高達數千萬日圓的加工機加工，即使最後的成果一樣，我想憑直覺也可以知道後者加工的成本會變高。像這樣因使用加工機具而產生的費用就是折舊費。為了讓製造成本達到最低，並不能只從材料費的觀點來判斷，加工的容易程度也必須列入考慮。有時候即使材料費很高，但若易於加工就可以壓低勞務費，進而降低製造成本。另一方面，就算選了便宜的材料，如果不易加工就要投入更多加工程序，因為加工時間拉長便連帶提高勞務費。像這樣在選定材料時就必須把雙方面都考慮進來。正因為如此，不只是材料，也必須對加工的知識有所了解。

註）製造成本雖可再細分，但在這邊為了掌握整體概念，以此分類表示。

圖1.4　製造成本包含的類別

備有多樣的形狀和尺寸

　　如果材料在市面上有在販售，且備有多種形狀和尺寸，將能削減費用和節省加工時間，是一大優點。若可配合市售品形狀和尺寸做設計的話，零件的外型加工就可以減至最少，這在之後第七章會再做說明。相反的，若設計時毫不考慮市售品的形狀和尺寸，就必須買進較成品尺寸大的材料，然後再進行切削。比如說，備有多種寬度和厚度的扁鋼，若有配合市售品的形狀和尺寸，只要在長度方向的兩端加工即可；但若沒有配合市售品的形狀和尺寸，包含寬度和厚度方向最少也要加工四個面，多的時候六個面都要加工。因此，在市售品中是否備有多樣形狀與各種尺寸，在削減費用與節省加工時間的考量下，就成了選料的重點。

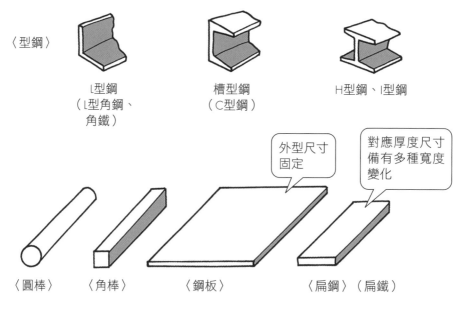

〈型鋼〉

L型鋼
（L型角鋼、
角鐵）

槽型鋼
（C型鋼）

H型鋼、I型鋼

外型尺寸
固定

對應厚度尺寸
備有多種寬度
變化

〈圓棒〉　　〈角棒〉　　　〈鋼板〉　　　〈扁鋼〉（扁鐵）

圖1.5　市售品的各種形狀

取得容易程度

　　對於材料入手的容易程度可以從兩點來看。其一為交貨時間。即便品質和加工性都很好，原料也備有多種形狀和尺寸，但若是從下單到進貨要花上一個月的時間，那就很困擾了。廠商必須要能夠配合短期交貨。

　　另一個切入點為要能夠向兩家公司採購。這個意思是說，要隨時保持能夠跟兩家以上廠商購買相同產品的彈性。因為這樣即便一家公司停止販售，我們仍可和另一家公司購買，這樣較讓人放心。再者，在議價上也可以從兩邊取得報價後選擇較低價者。假如只跟一家公司來往，因為價格的決定權落在材料商，就較難以優勢地位議價。和兩家公司採購這件事不僅限於購買材料，而是適用於所有市售品採購的思考方法，敬請多加參考。而本書中所介紹的材料，全都可以在兩家不同公司買到。

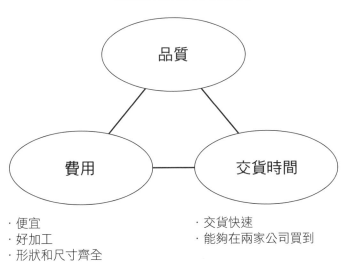

· 滿足必要的性質
· 品質沒有參差不齊的狀況

品質

費用

交貨時間

· 便宜
· 好加工
· 形狀和尺寸齊全

· 交貨快速
· 能夠在兩家公司買到

圖1.6　選定材料時的重要考量因素

為什麼材料知識是困難的？

妨礙理解的五大障礙

為了跨過在前言中提過、進入材料知識的門檻，先列舉出妨礙理解的理由：

1）材料的種類極多
2）結晶構造等難解的金屬學知識也涵蓋其中
3）光用看的沒辦法判別材料種類，無法產生實感
4）部分JIS規格和實務有落差
5）不了解依用途別做材料選定時的步驟

若能先了解上述背景，對之後的學習將有所助益，接下來就依序做個確認吧。

材料種類很多的理由

來想想看為何會有這麼多種類的材料。假設來說，如果世界上只有一種材料，而它可以滿足我們全部的需求，那就沒有必要學習材料知識。然而，現實上我們的需求其實非常分歧。有時候必須要有重量的東西，有時候會需要輕量的東西；有偏好堅硬的情況，也有偏好柔軟的情況。像這樣，因為很難用一種材料就能同時滿足完全相反的需求，所以得要用各種不同的材料分別對應。

　　回顧歷史，遠古時代說到材料，就是將自然中存在的石頭、木頭、泥土原原本本地做使用。堆積石頭建造成房屋或金字塔；把石頭敲碎做成武器或刀刃，再用刀刃切削木頭，成為木材使用。又或是燒烤泥土，使之成為陶器或磚頭。不久後，更發現藉由對自然物進一步加工，可以從礦石中萃取出鐵；然後因為技術的發展，也能夠從礦石中取得鋁或鈦等物質。像這樣因為能夠從自然界中取得各式各樣的材料，材料的種類便愈來愈多。然而，如果光只是這樣，材料也僅會停留在幾種類別而已。

溶入其他的成分

　　雖然已經能夠提煉出金屬，但因為純金屬強勁性和硬度都很低，實務上來說幾乎不能直接使用。不久後，便發現藉由溶入其他成分，能夠提升純金屬的強勁性和硬度。以鐵為例，因為毫無雜質的純鐵太軟，所以藉由加入碳來提升其強度至耐用程度。這邊溶入的成分可以是碳、鉻、鎳或錳等多樣的元素。再者，既然有只溶入一種物質的，也就有同時溶入多種物質的情況；如此一來，材料的種類便一口氣增加。

　　更進一步來看，靠著改變溶入成分的比例也可以控制材料的性質。舉剛剛鐵的例子來說，以用途區分，需要軟一點時就少一些碳，需要硬一點時就多一些碳。像這樣透過溶入成分種類的數量，以及改變這些溶入成分的比例，材料的種類便爆發性地擴增。

為減少種類所做的規範

　　如同前述，依照溶入成分的種類和比例，材料種類數變得多如繁星。因此，藉由套入幾種規範，可以防止材料種類無限制地增加。第一個規範便是JIS規格。JIS為日本工業規格（Japanese Industrial Standards）的簡稱，也是日本的國家標準規格。雖然JIS規格依據種類及成分，將材料相當程度地整理起來；但即使如此，若把這些材料的JIS手冊彙整起來，仍有超過5000頁的分量，數量還是太多。

接著第二項規範，並非像JIS規格這樣官方的規定；而是在廣大市場中，大家因為潛在默契而都集中採用特定種類的材料，使得材料種類得以濃縮。比如說，雖然對SS這種鋼材（一般結構用軋製鋼料），JIS規格有四種品項設定，但實務上並不會把這四種都分開來使用，而是會集中採用SS400這一種。如此一來，鋼鐵廠得以更有效率地集中生產這一種類的材料，從而發揮綜效，價格降低，客戶也能得利。像這樣，並非因為強制性的規定，而是因市場原理集中在特定幾種材料，進而成為業界標準的情況，就稱為實用標準。以我們身邊的例子來說，雖然有幾個電腦的作業系統互相競爭，但因為市場原理，WINDOWS就是業界標準。

第三項的規範則為筆者所推薦的標準化作業。也就是聚焦於與自己公司相關的產品種類，將公司自家的選定基準規則化，形成一套系統化的思考方式。如此一來，將可大幅減少選擇材料的討論時間，亦可最小化加工部門的備料量。關於這個有眾多好處的標準化作業，在第7章會再詳細解說。

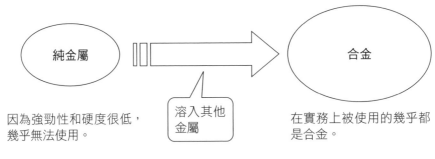

圖1.7　純金屬和合金

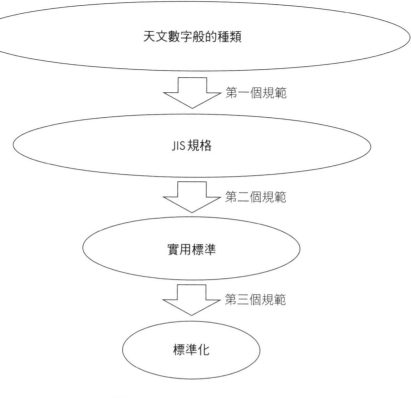

圖1.8　以規範將種類減少

最難應付的結晶構造

　　學習任何知識時的訣竅，就是要帶著「為什麼」的視點。藉由知道像「為什麼會變成那樣的現象呢」或者「為什麼會有那樣的性質呢」等背景，就可以進一步深化理解，也可以對知識保持興趣。理解材料知識時也是如此，但要說明「為什麼」的話，就要從所有材料的結晶構造開始說明。

　　比如說，鋁比鐵容易變形這件事，我們經驗上是知道的。那為什麼鋁容易變形呢？答案就是因為鐵為體心立方結構，而鋁則是面心立方結構。那關於為什麼面心立方結構較容易變形，此時便有必要理解原子排列和原子間的距離。關於熱處理的淬火也是一樣，想理解為什麼鐵在急速冷卻下會變硬，就必須知道以下一連串說明：「因為鐵從常溫加熱時它的晶體立方結構會改變，當變成容易變形的面心立方結構時，碳原子會從鐵原子的間隙跑進去；一旦急速冷卻，因為這些碳原子逃不掉，鐵就以這些碳原子被硬塞著的狀態回復成體心立方結構，而鐵因為晶體立方結構的變形就變硬了，此現象稱為麻田散鐵組織（Martensite）。」當以合金為對象，就還必須知道溫度變化時，其組織更為複雜的變化性質。

　　像上述這樣，和圖面知識或加工知識不同，材料知識所追尋的「為什麼」深度更深，要在實務上達到一定的知識程度要經過一條漫漫長路。因此本書就暫且省略結晶構造的介紹。

材料光用看的沒有辦法判別

用眼睛看是無法判別材料的，這也是難以深入理解的原因之一。在圖面或加工方法、機械的機構等學習上，靠著看實物、圖、照片或者動畫，就能夠深化理解。然而，關於材料，即便是老手也很難看到實物就判別出種類，更別說如果有做表面處理的加工，就更沒有方法去判別原本是何種材料。比如說，奧運的金牌只是用銀牌去鍍金這件事，就不太為大家所知。這就是為什麼材料判別如此困難的原因。

順道一提，實務上來說會在置材的架上仔細標示出材料的種類，或者在材料本體上貼標籤或上色來做材料區別。沒有標記的鋼鐵材料可藉由磨床碰觸鋼材來產生火花，並藉由火花的噴線、顏色或明亮度推測含碳量或成分，進而判別材料種類。再者，磁鐵雖然可以吸附上鋼鐵類材料，但若是 SUS304 等 18-8 系的不鏽鋼，磁鐵就吸附不上去，因此也可利用這個方法來辨別材料。

JIS 規格和實務感覺的落差

JIS 規格是關於全體工業的標準化作業，對產業界有巨大的貢獻。製圖規則等也是遵循著 JIS 規格。然而，部分與材料相關的 JIS 規格，卻和實務認知有所落差。其中之一就是材料的名稱。材料雖然都有以日文名稱和 JIS 記號兩種來表示，但有些材料會將具體的用途記入日本名中。比如說，碳工具鋼、高速工具鋼或高碳鉻軸承鋼這些名稱。在實務上它們並不是只有工具和軸承的用途而已，對於需要硬度和耐磨性的一般機械零件也很常使用。因此，沒有必要去限定用途，反倒是活用它們的性質才是最重要的。雖然經驗多了這種違和感就會消失，但剛開始學的時候，就會誤以為用途有所限制。

然後，做為標記材料強勁性的指標，JIS 規格是以「抗拉強度」做為表現材料性質的主要標準。比如說，在 JIS 記號中直接計入抗拉強度的材料種類很多（像是 SS400 等）。然而，對設計者來說，最重要的資訊卻是會導致永久性變形的彈性上限值，也就是「降伏強度」；而非表示材料破壞臨界值的「抗拉強度」。

其他還有像鋼鐵材料雖然被分類成普通鋼和特殊鋼，但特殊鋼特殊的意義在於生產時需要特別留心，但對使用者來說並沒有什麼特別之處。比如說S-C材（機械結構用碳鋼）和SK材（碳工具鋼）雖被分類為特殊鋼，但卻是被當做通用材料在一般情形下使用。因此，本書對鋼鐵材料的分類並不採用「普通鋼和特殊鋼」的說法，而是採用「碳鋼和合金鋼」的分類方式。以上的解說因為還含有尚未說明的專門用語，現在無法理解也沒有關係。

只靠知識很難選定材料

材料知識的學習，要靠掌握住每種材料的特徵來進行。雖然這是非常重要的事情，但實務上來說則必須要從用途和目的的角度來選擇材料，也就是說因為是反向的思考，材料知識難以在實踐的過程中被活用。因此本書在解說完基本知識，也就是每種材料的特徵之後，會在第七章說明這個以反方向思考來選擇材料的程序。

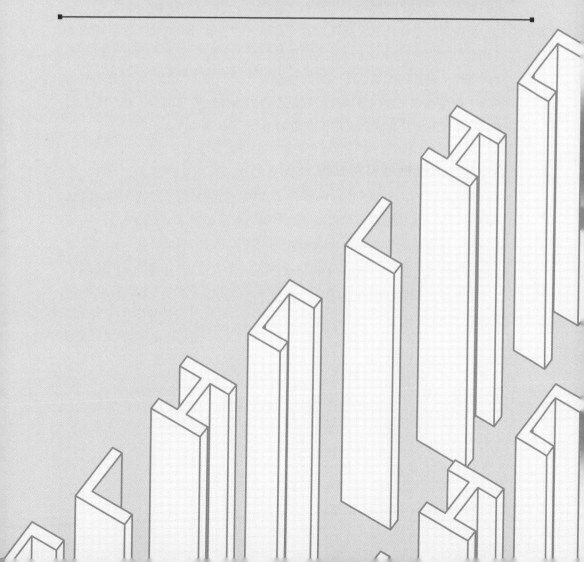

第 **2** 章

材料的性質和機械性質

對材料有什麼要求？

和日常相同的感覺

我們需要怎樣的製品、生產該製品的設備、以及人工作業用的治具和我們對構成它們的材料有什麼樣的要求有關。這些要求在我們日常會話中也常自然地使用：強的—弱的；軟的—硬的；輕的—重的；易延展的—不易延展的；有磁性的—沒有磁性的；導電的—不導電的；受熱會伸長的—不伸長的；遇熱會溶化的—不溶化的等，以各式各樣的語彙所表現。

而在實務上會將這些感覺以數值表示。因為數值化的關係，材料的性質變得更明確，也變得比較容易和其他材料做比較。再者，對構件施力的時候會產生幾公厘的撓曲？因受熱會膨脹多少公厘？像這些事情即使不在實際生產後測量，也因數值化的關係而得以事先計算並掌握。這在成本面或對時效性的考量來說都有很大的幫助。

以3大切入點檢視材料性質

將材料的性質大致分為三類來看。分類的目的是為了讓腦中的資訊易於整理。第一個是對外力的性質；第二個是重量或對電、熱的性質；第三個則是對氧化生鏽等化學反應的性質。它們各被稱為機械性質、物理性質以及化學性質。表2.1中歸納了在日常會話的說法，以及相應的專門用語。

在本章先學習機械性質的部分，接下來的第3章再進入物理性質和化學性質。

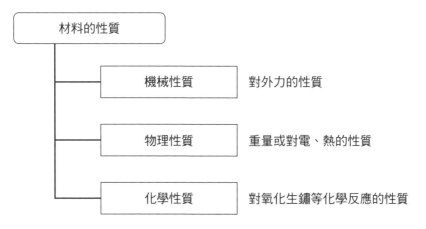

材料的性質

機械性質 ────── 對外力的性質

物理性質 ────── 重量或對電、熱的性質

化學性質 ────── 對氧化生鏽等化學反應的性質

圖2.1　材料的三個性質

材料的性質和機械性質

表2.1　材料的各種性質

分類	現象		用語
機械性質	強的 不易延展的 不易撓曲的 硬的 有韌性的	弱的 易延展的 易撓曲的 軟的 脆性的	剛性・強度 剛性 剛性 硬度 韌性／脆性
物理性質	重的 導電的 遇熱延展的 導熱的 耐熱的 磁鐵吸得住的 有色的	輕的 不導電的 不延展的 不導熱的 不耐熱的 磁鐵吸不住的 透明的	密度（比重） 導電率 線性熱膨脹係數 導熱率 耐熱性 磁性 透明性・穿透性
化學性質	生鏽	不生鏽	耐蝕性

強勁性是什麼？

機械性質的全貌

以強勁性、硬度、韌性的視點來檢視機械性質吧。

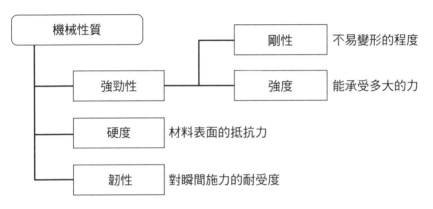

圖2.2　機械性質的全貌

施力時所產生的彈性・塑性・破斷

從遭受外部施力時的抵抗能力——強勁性開始說明。使用容易想像的彈簧做為例子，來介紹當對材料逐漸施力時所會產生的變化。當拉開彈簧兩端，彈簧會慢慢地延伸，放手的話便又回復原狀。這種將力去除後仍會回復原狀的性質就稱為彈性。而若進一步增加拉力，從某個時間點開始，即使不再施力，彈簧的形變仍會存在，並無法再回復原狀，這種性質則稱為塑性。此現象並非只存在於彈簧，在一般材料上也會發生。不管是鐵、鋁，圓棒還是板料，也無論種類和形狀，從施力的瞬間起材料就開始拉伸。將鐵棒的兩端以人手去拉也會發生延伸的情形，但因為延伸量僅為千分之一公厘這樣微量的程度，所以無法實際感受到。施力若在彈性範圍內，一旦外力停止拉伸就會回復原狀，但只要超過彈性上限一進到塑性的範圍，即使將力去除形變仍會存在。再持續施力的話，材料最後就會破斷。像這

樣對材料施力會依序經歷彈性、塑性，最後是破斷這三個階段。

彈性‧塑性‧破斷各自的活用案例

　　不管是上述的哪個階段，都在日常生活中被巧妙地活用。像是做為文具的迴紋針，稍稍拉開就可把紙張夾住，即是利用它的回復力，為彈性的應用案例。又例如，用模具把薄板夾住、使凹凸形狀壓印到薄板上的沖壓加工，則是塑性的應用案例。因為施力超過了彈性上限，所以即使將力去除凹凸形狀仍會留下；在小餐館可看到的金屬菸灰缸，就是將鋁板沖壓，使之產生凹凸形狀的加工產物。最後，破斷則多為機械加工所應用。藉由車床、銑床或鑽台等加工機施以巨大的力，破壞材料表面來做切削。

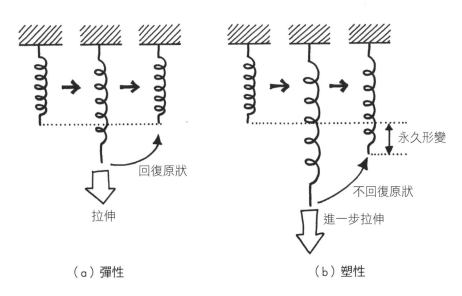

（a）彈性　　　　　　　　（b）塑性

圖2.3　將彈簧拉伸

在「彈性範圍內使用」為結構組件的設計基準

在產品開發和設備生產的過程中，前述的三階段性質是如何被應用到結構組件的設計上呢？首先，對於不希望發生變形的結構組件，在其彈性範圍內使用是最基本的。即使變形了，一旦停止施力就會回復原狀的話，也可以判斷為正常。萬一受力過大，只要有一瞬間進入接下來的塑性範圍，就算去除外力仍會維持形變，對製品和生產設備就會產生問題。更不用說進入破斷階段，便不只是費用上的損失還可能發生危險，單就安全面來看也必須嚴格禁止。從上述的說明可知，對設計者而言，最重要的資訊莫過於彈性的上限值。對結構組件的施力必須要以低於彈性的上限值來做設計。這個彈性的上限值稱為降伏強度，到達破斷狀態的臨界值則稱為抗拉強度，這些之後還會再詳加說明。

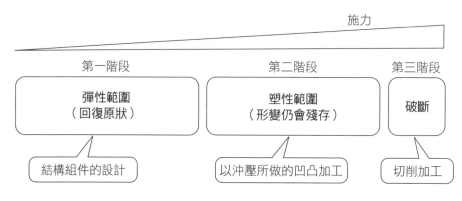

圖2.4　彈性・塑性・破斷

將強勁性以「剛性」和「強度」分開理解

對於要承受外力的結構組件，材料的強勁性為必要性質，而強勁性又可進一步以「剛性」和「強度」分開思考（P.38，圖2.2）。由於這個思考方式非常重要，請仔細閱讀。強大的組件，亦即堅固的組件到底要滿足什麼樣的條件呢？

1）第一，即使受力也不易變形。對因為拉伸所產生的形變或彎曲，
　撓曲較少。

2）再者，能夠承受較大的外力。也就是說，即使施以巨力也不會產
　生永久性的形變，並且不會破損。

　　1）的不易變形性稱為剛性。2）的能耐住強大外力程度稱為強度。雖
然，理想的強勁性是1）和2）都能滿足，不管施加多大的外力仍只有極少
的變形並且不會破損，但這樣的理想材料並不存在。因此，將「剛性」和
「強度」分開來看，對選定材料來說比較容易。

　　「剛性」光靠材料種類就能決定。比如說，只要是鋼鐵材料，不管哪
一種，變形量都相同。然而，從另一方面來看，「強度」就會因為材料種
類和熱處理的不同而有所變化。會使用高價的合金鋼的理由就在這裡，和
便宜的碳鋼比起來，雖然「剛性」不變，但讓「強度」變高就能夠承受更
大的外力。

表2.2　強勁性的例子

例	強勁性		事例		解說
	剛性	強度	以5kgf施力之變形量	發生破壞時所受的力	
例1	高	高	0.1mm	100kgf	最強大的材料。即使施以巨力，變形量少且不會破損。
例2	高	低	0.1mm	20kgf	雖然不易變形，但僅少量施力就會發生破斷。玻璃或陶瓷器等即是此類材料。
例3	低	高	1.0mm	100kgf	雖然會大幅變形，但能耐住巨大施力而不破損。
例4	低	低	5.0mm	5kgf	產生大幅變形，且僅少量施力就會發生破斷。橡皮筋等即是此類材料。

掌握住「剛性」和「強度」的意象

　　為了加深理解，我們用圖例來介紹剛性和強度。圖2.5表現的是當施予相同力量時撓曲程度的差異。（a）因為是剛性低的材料，所以撓曲程度大；（b）是剛性高的材料，所以撓曲程度就比較小。

　　比如說，想像（a）是鋁質材料，（b）是鋼鐵材料，我想應該就很容易理解了。

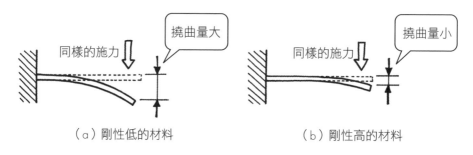

（a）剛性低的材料　　　　　　　（b）剛性高的材料

圖2.5　剛性就是不易變形的程度

　　接著，在圖2.6中，表現的是「剛性」相同而「強度」不同的材料特性差異。（a）是強度低的材料，（b）是強度高的材料。對兩者施相同大小的力。從尚未施力的狀態1）開始，慢慢增強力道。在彈性範圍2）時，兩者皆維持相同的撓曲程度。在這個狀態下將外力去除，兩者則都回復到1）的狀態。再來如3）所示，加大施力力道，（a）就進入了塑性範圍，但（b）卻還在彈性範圍內。然後再像4）那樣停止施力的話，則（a）便無法回復原狀並維持永久形變，但（b）卻回復到原本1）的狀態。這就是強度的差異。

　　也就是說，（b）這種高強度的材料能夠承受巨大的外力。我想透過以上說明，應該已經能夠理解剛性和強度的差異了。

●1）未施力狀態

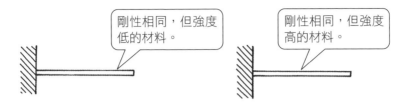

剛性相同，但強度低的材料。

剛性相同，但強度高的材料。

●2）施力【（a）（b）都在彈性範圍內】

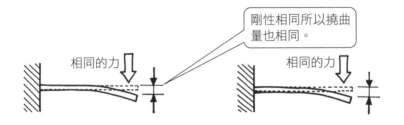

剛性相同所以撓曲量也相同。

相同的力

相同的力

●3）進一步施力【（a）變成塑性範圍，（b）仍在彈性範圍內】

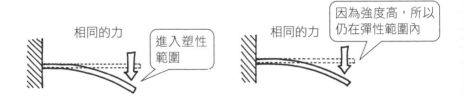

相同的力

進入塑性範圍

相同的力

因為強度高，所以仍在彈性範圍內

●4）將力除去

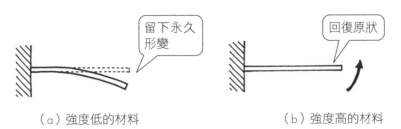

留下永久形變

回復原狀

（a）強度低的材料

（b）強度高的材料

圖2.6 強度就是所能承受的力度

剛性的程度可以從縱彈性係數來理解

受力時的不易變形程度——剛性，是用縱彈性係數來表現。這個係數也稱為楊氏係數（Young's modulus），數字愈大就意味著愈不易變形。在這裡，我們以表2.3來比較看看鐵和鋁的縱彈性係數。由於鐵是206，鋁是71，比率大約是3。這意味著若對相同形狀尺寸的鐵和鋁，各施以相同外力時，鋁產生的變形量會是鐵的3倍。

拉伸所產生的變形量可以簡單地計算

使用在國中物理所學的虎克定律（Hooke's law）和縱彈性係數，就可以簡單算出施以外力會產生的變形量。隨著對材料施加的外力愈強，材料的變形量也會愈多，這就是虎克定律。意即受力和變形量成正比，也就是：

單位面積之受力＝（縱彈性係數）×（應變）

因為這裡的（應變）指的是相對於原本長度的變形比率，因此（應變）＝（變形伸長量）／（原本長度）。這樣一來便可導出：

單位面積之受力＝（縱彈性係數）×（變形伸長量）／（原本長度）；

若再將公式轉換一下：

變形伸長量＝（單位面積之受力）×（原本長度）／（縱彈性係數）；

從這個式子就可計算出變形量了。

比如說，來算看看對長500mm的鐵棒兩端施以60N/mm²（約6.12kgf/mm²）的拉力時會產生的變形量（伸長量）吧。因為鋼鐵的縱彈性係數是206×10³ N/mm²，因此導出：

變形量＝60N/mm²×500mm/(206×10³N/mm²)約等於0.146mm；

也就是說500mm的鐵棒有0.146mm的伸長量，所以知道它會變成500.146mm。像這樣簡單地就能計算出來，相當便利。

表2.3　主要的縱彈性係數（楊氏係數）

	材料名稱	縱彈性係數 ×10³　N/mm²
金屬	鐵（鋼） 鋁合金 銅（黃銅）	206 71 103
非金屬	橡膠 聚乙烯 玻璃 鑽石	0.1 以下 1 69 1000

註）數值愈大愈不易變形

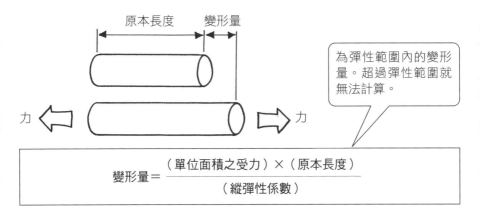

$$變形量 = \frac{（單位面積之受力）\times（原本長度）}{（縱彈性係數）}$$

圖2.7　變形量的計算公式

從降伏強度（耐力）和抗拉強度來理解強度

接下來讓我們更深入理解「強度」吧。這裡的強度指的是到底能承受多少外力的視點。有兩個重點要特別注意，分別是表示彈性上限的「降伏強度」，以及表示破斷臨界值的「抗拉強度」。結構組件基本上都必須在彈性範圍內使用（P.40，圖2.4）。也就是說，要在降伏強度以下使用。假如施力超過降伏強度，即使只是一瞬間進入塑性變形範圍，因為產生永久性的形變且不能再回復原狀，對製品規格和設備的機能都會有所損害。比如說，因為SS400這種鋼鐵材料降伏強度為245N/mm²（25kgf/mm²），抗拉強度為400 N/mm²（41kgf/mm²），所以對拉力部分，每1 mm²的受力程度在25 kgf以下都是彈性範圍，只要去除外力就可回復原狀。超過25 kgf的話就會留下永久形變。而若進一步增加施力到41kgf的話，就會發生破斷。

再者，因材料種類的不同，會將「降伏強度」以「耐力」來代稱。材料強度的測定在JIS規格中訂有拉伸試驗的試驗方法，也就是對試片逐漸施力，並以圖表呈現一直到破斷為止，施力大小與拉伸長度的關係。如此一來，像軟鋼這種一般鋼鐵材料便能透過圖表，觀察到明明沒有增加施力但拉伸量卻繼續增加的特異點，此時我們就將之稱為降伏強度。另一方面，因為軟鋼以外的材料不會表現出這個特異點，所以並無法從圖表中獲取降伏強度；此時，會利用特定算式以得出模擬值，並稱此數值為耐力。而我們讀資料的人，只要掌握住降伏強度和耐力其實都是在講彈性的上限值這件事就沒問題了。

另外，雖然名為「抗拉強度」，不過對一般性的材料來說，抗拉和抗壓強度大致都相同。也有一些像鑄鐵或混凝土這樣，抗壓很強但抗拉卻很弱的材料。

應力和應變（應用篇）

　　能夠將到目前為止所說明的彈性範圍、塑性範圍、降伏強度、抗拉強度、破斷點，一目了然呈現出來的就是「應力—應變曲線圖」。因為圖表具有客觀掌握全貌的優點，所以在此補充說明其閱讀方式。文科出身的讀者跳過從這邊開始的3頁也無妨。

　　一開始先來確認應力和應變的定義。應力表示的是單位面積之受力。為什麼是單位面積呢？現在假設對截面積5cm²和10cm²的圓棒施以相同20kgf的力。雖然都是20kgf的力，但應該憑直覺就知道較粗的10cm²圓棒比較不容易變形。也就是說，只是力度相同並無法比較。但若是檢視將力除以截面積所得出之單位面積受力，則可發現截面積5cm²的圓棒是20kgf/5cm²=4kgf/cm²，而截面積10cm²的圓棒是20kgf/10cm²=2kgf/cm²，因為10cm²圓棒承受的應力僅為5cm²圓棒的一半，所以就很容易明白它較不易變形的原因了。

　　接下來的「應變」，則像之前P.44所解說的，是描述相對於原本長度的變形量之比率，即將（變形量）除以（原本長度）的結果。因為表現的是比率，所以不會加上單位。

表2.4　應力的差異

截面積5cm²的情況	截面積10cm²的情況
同樣20kgf的力	同樣20kgf的力
應力 $= \dfrac{20\text{kgf}}{5\text{cm}^2} = 4\text{kgf/cm}^2$	應力 $= \dfrac{20\text{kgf}}{10\text{cm}^2} = 2\text{kgf/cm}^2$

閱讀應力—應變曲線圖（應用篇）

那麼，來讀讀看具代表性的軟鋼的「應力—應變曲線圖」吧。此圖表記錄的是當慢慢對材料施加拉力時，一直到材料破斷為止，其施力大小和材料拉伸的相互關係。縱軸為應力，橫軸則為應變。

1）在左下角的原點，因為還沒施力所以應變為零。

2）慢慢地施力時（縱軸），就會成正比地產生應變（橫軸）。也就是當應力為a時則對應L的應變。到降伏強度為止均為彈性範圍，所以只要停止施力應變就會歸零。

3）降伏強度為不再增加施力強度，應變卻會繼續增加的特異點。因為只要一超過這個降伏強度，就進入了塑性範圍，即使去除外力，應變也不會歸零，產生永久性的形變。

4）進而當施力進一步達到抗拉強度時，材料中央部位附近就會漸漸變細，最後破斷。

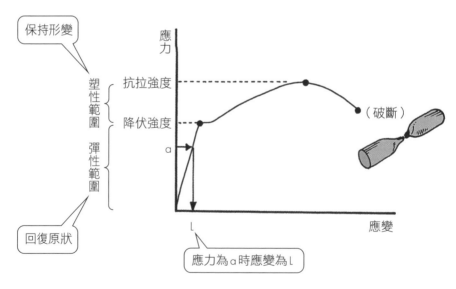

圖2.8　應力—應變曲線圖

使用圖2.9和圖2.10的應力—應變曲線圖，再更深入理解至今所學的剛性和強度吧。嚴格來說，雖然在降伏強度之外還有比例限度及彈性限度這兩個重點，但為求能夠掌握住整體觀念，就以降伏強度做為彈性的上限值。

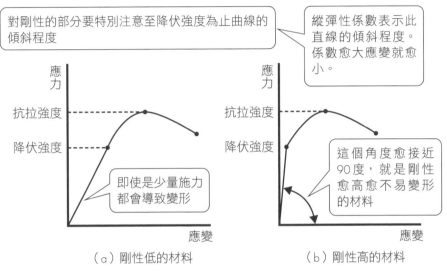

對剛性的部分要特別注意至降伏強度為止曲線的傾斜程度

縱彈性係數表示此直線的傾斜程度。係數愈大應變就愈小。

即使是少量施力都會導致變形

這個角度愈接近90度，就是剛性愈高愈不易變形的材料

（a）剛性低的材料　　　　（b）剛性高的材料

圖2.9　剛性的差異

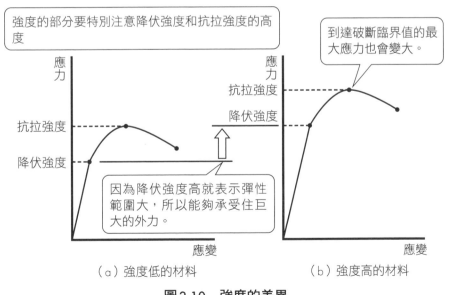

強度的部分要特別注意降伏強度和抗拉強度的高度

到達破斷臨界值的最大應力也會變大。

因為降伏強度高就表示彈性範圍大，所以能夠承受住巨大的外力。

（a）強度低的材料　　　　（b）強度高的材料

圖2.10　強度的差異

以形狀和尺寸來對應「剛性」

　　從這裡開始會介紹實務上是如何處理剛性和強度的。剛性就是受力時的不易變形程度。因為每種材料的剛性都是以縱彈性係數（楊氏係數）來表示，不希望變形時就會選擇係數大的材料來使用。因為鋼鐵材料的縱彈性係數是鋁的三倍，所以可以判斷對結構物來說，比起鋁材，鋼鐵材料會較為適當。那麼，進一步想提高剛性時該怎麼做呢？因為即使選用高價的合金鋼或做熱處理，剛性仍然相同，並無法改善變形程度。這時就要以設計面的形狀和尺寸來對應了。也就是加大材料的厚度和寬度以減少變形量的觀點。因為能夠從材料力學的觀點確認，會在第7章詳細介紹。

在一般性的使用條件下，「強勁性」並不需要特別檢核

　　強勁性有表示彈性上限值的降伏強度（或耐力）以及表示破壞臨界值的抗拉強度，設計的基本原則是要在材料的降伏強度以下做使用。為了能夠具體想像這個降伏強度的力量大小，我們假設有一使用SS400這種一般鋼鐵材料所製成、邊長10mm的四角棒，並從它的兩端拉伸。因為國際單位（SI）N/mm²感覺上比較不容易了解，我們改用舊制的單位系統kgf/mm²來看，SS400的降伏強度是「25 kgf/mm²以上」，表示在邊長為1mm的正方形面積上施以25 kgf的力；如果邊長是10mm的話，面積就是100倍，25 kgf/mm²×100 mm²=2500 kgf也就是25噸，這已經是大約兩台小客車的重量。這意味著，在底部形狀為邊長10mm、也就是1cm的正方形四角棒上施以相當於兩台車重量的外力時，仍會在彈性範圍內。若為邊長20mm的話，面積則是四倍，也就是八台車的重量。我想在一般環境所使用的製品和生產設備，大概不會遇到這麼大的受力情形。

　　因此，只要不是會處理到有不尋常重量物件的特殊情況，並不需要在每次設計的時候都做關於強勁性的檢核。

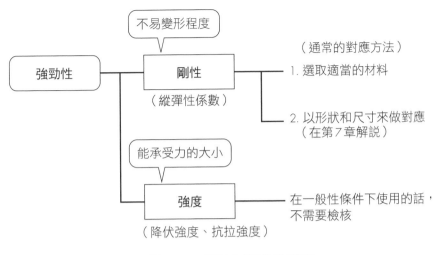

圖2.11　剛性和強度的對應

表2.5　主要材料的剛性和強度

分類	品種類範例	剛性	強度	
		縱彈性係數 ×10³N/mm²	降伏強度（耐力） N/mm²	抗拉強度 N/mm²
鋼鐵材料	SS400	206	245	400
鋁合金	A5052	71	215	260
銅合金	C2600	103	-	355

註）主要種類的參考值

　　鋼鐵材料的降伏強度和抗拉強度有關聯；概略來說，未做熱處理的生材，它的降伏強度大概是抗拉強度的50%，淬火回火材則為抗拉強度的80~90%。

硬度和韌性

在「強勁性」之後理解「硬度」和「韌性」

到目前為止，我們已經從剛性和強度這兩方面，深入理解材料在機械性質（P.38，圖2.2）上的強勁性。在這個強勁性之上，接著要繼續檢視「硬度」以及「韌性」。其各自特徵為：「強勁性」表現在緩緩增加施力力度時的抵抗力大小；「硬度」則是在材料表面上局部性施力時的抵抗力大小；「韌性」為瞬間受力時，材料能不受破壞的程度。「強勁性」分為強的─弱的；「硬度」，分為硬的─軟的；「韌性」，則分為堅韌的─脆的，以這樣來理解會比較容易想像。

「硬度」的定義

雖說硬度是在日常生活也經常使用的詞彙，但並沒有絕對的定義。根據字典「硬度為堅硬的程度」，反過來查變成「堅硬的程度為硬度」形同無解。是即使能夠想像卻難以用文字說明的概念。在本書來說，硬度是「以其他物體，在材料表面上局部性施力時，該材料的抵抗力大小之尺度」。

4種硬度試驗

布氏硬度試驗、維氏硬度試驗、洛氏硬度試驗是在材料表面上將試驗片壓上去，然後量測接點所產生的凹痕大小，再將硬度數值化。凹痕愈大表示材料愈軟。蕭氏硬度則和上述三種不同，它是讓試驗片從高處落下，然後量測它的彈跳高度來求得硬度值。因為適用的試驗方式會隨著材料和形狀不同而有所差異，若已有類似品可做參考則依循前例。一般來說，對沒做淬火的生材，會採用對軟性有廣泛測定範圍的布氏硬度HBW；而對有做淬火的材料，則多採用對硬性具廣泛測定範圍的洛氏硬度HRC。以感覺來說，HRC20以下給人柔軟的印象，HRC45~60已達到在加工上有困難

的硬度，HRC60以上則給人超級硬的印象了。

在表2.6有歸納出各種硬度試驗的原理和特徵。為比較這4種硬度值，在本書最後附有換算表可供參考。布氏硬度HBW和洛氏硬度HRC間的關係可大約寫成HBW ≒ 10×HRC。

表2.6　硬度的試驗方法

種類	記號	測定方法	特徵
布氏硬度試驗	HBW	測定物 量測鋼球所產生的凹痕直徑	因為凹痕的面積很大，不適合薄板、小物件、或高硬度的東西
維氏硬度試驗	HV	測定物 量測四角椎所產生的凹痕對角線	與布氏硬度試驗相反，適合薄板、小物件、或高硬度的東西
洛氏硬度試驗	HRC	測定物 量測圓椎所產生的凹痕深度	適合測定有做回火處理的材料
蕭氏硬度試驗	HS	測定物 量測彈跳高度	對受測物的傷痕不明顯

「強勁性」和「硬度」在使用上的區分

來看看強勁性（剛性和強度）和硬度在使用上的區分吧。因為硬質材料強，軟質材料弱，兩者具有比例關係。雖說可以的話會希望只專注於其中之一，但實際上仍會以下列方式分別使用：

> 1）在材料選定階段會使用「強勁性」的資訊
> 2）對材料入手後所做的淬火等熱處理指示，則使用「硬度」。

在1）選定材料階段採用強度，是因為可以參考表示不易變形程度的「剛性」、表示彈性上限值的「降伏強度（耐力）」、以及表示破段臨界值的「抗拉強度」等種種資訊。

在2）這個做淬火處理的階段，則會依硬度試驗來做判斷。硬度試驗的優點在於因其為非破壞試驗，可以用實物來做檢驗，試驗本身也相對容易進行。若要做1）的強度試驗，因是破壞性試驗，並不實際。因此，在圖面的零件圖中也只需計入JIS的材料編號，而不必標註化學成分和抗拉強度等指示。因為只要指定材料種類，品質就已經受到保證。

另一方面，因為熱處理是在取得材料後施做，故在材料記號之外，也要標註熱處理內容和指示淬火回火後的硬度。比如說，在零件圖中若有「S45C，淬火回火HRC45~50」的記載，就表示「材料用S45C，並請保證淬火回火後的硬度為洛氏硬度45~50」。並不會用降伏強度或抗拉強度來指示淬火回火後的性質。抗拉強度和硬度的關係則可參考如下：

抗拉強度（kgf/mm²）=3.2×洛氏硬度（HRC）

對韌性的定義

「強勁性」可看出慢慢施力時的材料變化；相對於此，面對瞬間施力時的不易破壞程度則以「韌性」來定義。意思就是韌性愈強對衝擊的承受程度就愈強。難以破壞的材料，指得便是一直到被破壞為止，能夠吸收大量能量的材料。「韌性」也稱「韌度」，反過來易受破壞的性質則稱為「脆性」或「脆度」。前述的強度和硬度是成正比，但這個韌性和強度及硬度則呈反比關係，通常是愈硬就愈脆。對於結構組件，雖然在彈性範圍內使用是基本原則，但若材料具有韌性，一旦受到超過預期的衝擊，能夠避免破損的可能性就很高。反之，脆性破裂（brittle fracture）指的就是像玻璃那樣，在彈性範圍內忽然破裂的現象。

韌性是以衝擊試驗來檢定。將擺錘狀的槌子釋放，讓它敲斷試片。以達到破斷所需的能量來求得衝擊數值。衝擊數值愈大就表示該材料愈具有韌性。

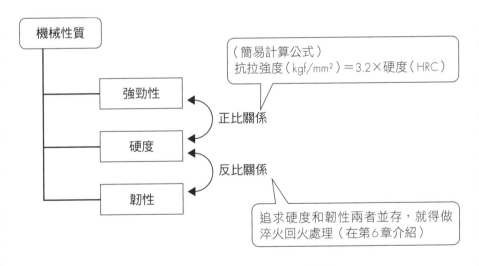

圖2.12　機械性質的相互關係

「柔軟度」和「韌性」是不一樣的

　　雖然我們一般會有硬的東西脆，而軟的東西具韌性這樣的印象，但柔軟度和韌性是不一樣的概念。柔軟度指的是即使只是微小施力也能產生大幅度的拉伸，像水飴（編按：源自日本，一種由發芽米或麥芽製成的糖漿，呈透明狀。）那樣很好延伸但輕易就能切斷的東西並非具有韌性，而應稱為柔軟。另一方面，韌性佳指的則是具有良好延伸性的同時，還能承受巨大外力而不會破斷。

　　將這個概念以之前介紹的應力—應變曲線圖來表現的話，就會像圖2.13這樣。具韌性的材料延伸性很好，也能夠承受巨大外力。相對地，玻璃或混凝土這樣的脆性材料，還不到塑性範圍，在彈性範圍內即破斷。又如橡膠這種柔軟的材料，一施力就逐漸伸展開來，但也只需要些微施力就會破斷。

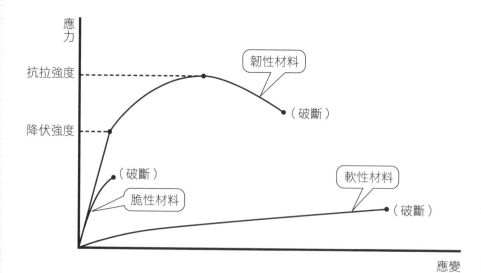

圖2.13　從應力—應變曲線圖來掌握特徵

第 3 章

物理性質和化學性質

重量、導電率及磁性

靜態性的物理性質

　　相對於先前的機械性質，探討的是面對外部施力時的動態性內容；物理性質和化學性質則是靜態性的內容。物理性質包含「重量」、「通電容易程度」、「受熱之延伸性」、以及「導熱速度」。當談到受力建築結構的設計時，機械性質固然重要，但對做為建築結構以外的用途來說，比如說像銅線，就是應用其壓倒性的高導電性這個物理性質。

表現重量的密度

　　藉由密度可以知道材料輕或重的程度。因為密度表現了單位體積的質量，也就是說數值愈大就愈重。使用密度既可以簡單算出東西的重量，也可以明確知道材料之間的差異。

　　雖然我們通常將 1m×1m×1m（1立方公尺）的質量以 kg 表示；但若是換成 1cm×1cm×1cm（1立方公分）的質量並以 g 來理解，在直覺上會比較容易掌握。做為基準的水的密度是 1 立方公分 1g，也就是 1g/cm³；鐵的密度則為 7.87 g/cm³。技術人員會將鐵的密度以 7.9 計，即「1立方公分的水是 1g，1立方公分的鐵則為 7.9g」這樣成組來記，如此一來便可以很快地從東西的大小推估出東西的重量，相當方便。另外，密度比 1 小的話就會浮在水上，比 1 大就會沉下去。鋁製的 1 日圓也剛好是 1g。

　　還有一個技術人員以外的工作者記起來也會很方便的就是，「鋁的重量是鐵的三分之一」。因為從表 3.1 可以發現，相對於鐵 7.87 g/cm³，鋁則是 2.70 g/cm³，其實正確來說應該是 2.91 分之一才對，但以掌握整體概念來說，用粗略的三分之一表示就已經十分充分。像這樣以「3」來呈現鐵和鋁之間的比較關係，也很方便。不只這裡介紹的密度比值，在第 2 章學到表現剛性的縱彈性係數時，鋁也剛好是鐵的三分之一。因此與鐵比較，鋁「重量是鐵的三分之一」，「變形量則是鐵的三倍」。

提到重量的時候，也常會聽到比重這個名詞，但因為比重是表現以水做為比較基準的比值，所以不會加上單位。以鐵的例子來說，它的密度是 7.87 g/cm³，比重就以 7.87 表示。

表 3.1　主要的密度

分類	材料名稱	密度	
		Kg/m³	g/cm³
金屬	鋁	2.70×10^3	2.70
	鐵	7.87×10^3	7.87
	銅	8.92×10^3	8.92
非金屬	聚乙烯	0.96×10^3	0.96
	混凝土	2.4×10^3	2.4
	玻璃	2.5×10^3	2.5
	水（基準）	1.0×10^3	1.0

註）數值愈大就愈重。金屬為純金屬的數值。

題外話，冰為何會浮在水上呢？因為比較比重的話，相對於水的1，冰比重較小僅有0.92所以會浮在水面上，但這種固體比液體輕的情形，卻是只有存在於水的稀有現象。固體和液體的不同，在於構成分子的距離。如果分子緊密聚積在一起就是固體，分子鬆散或分開排列就會成為液體，也就是說通常液體變成固體時體積都會變小。然而，水結凍成冰時體積卻增加了。因此，以同樣體積比較的話，一立方的冰並不能融化成一立方的水，這個差異就是同體積的冰比較輕的原因。真的是很不可思議的現象。

表現通電容易程度的導電率

表現通電容易程度的用語雖然有好幾個，除了導電率之外還有電導率或其倒數的電阻率，但不必拘泥於特定的用語。前兩個是數值愈大愈能傳輸電流，後者的電阻率則是數值愈小愈容易讓電流通過。

檢視表3.2中的導電率，可明白金、銀、銅、鋁的數值愈大，就愈能傳輸電流。一般的電線考慮到成本，多採用銅或鋁來製作。對橫掛空中的輸電線來說，如果線很重就會下垂，為了保持筆直希望線輕一點的緣故，便捨棄銅線改用鋁線。重量的比較則請參考前頁的表3.1。惟若只有鋁線的話強度很低，所以會和高強度的鐵線一起編線。

表3.2　主要的導電率

材料名稱	導電率 $\times 10^6$S/m
鐵	9.9
鋁	37.4
金	45.5
銅	59.0
銀	61.4

註）數值愈大電流愈容易通過。為純金屬的數值。

具磁性的材料

雖然大家都知道鐵會吸附磁鐵，但不是所有金屬都能吸上磁鐵。會磁吸的金屬有鐵（Fe）、鈷（Co）、鎳（Ni）。其他的金、銀、銅、鋁等則無法吸附在磁鐵上。而在第4章會介紹的18-8系的不鏽鋼雖為鋼鐵材料，但也不會磁吸。廚房流理台和浴缸經常是以18-8系的不鏽鋼製作，可以用磁鐵試吸看看。

再者，磁鐵被廣泛使用在發電機、馬達、行動電話的震動器馬達、以及磁卡等上面，可大致分為三類。其一是長期帶有磁性的永久磁鐵，再來是像電磁鐵的鐵心那樣，藉由對線圈通電可開關磁力的磁鐵。最後是介於中間，可像永久磁鐵那樣殘留記錄，也可用外部信號輕易覆寫的磁儲存材料。這些磁鐵很多都是日本開發的，現在也仍保持領先全球的地位。

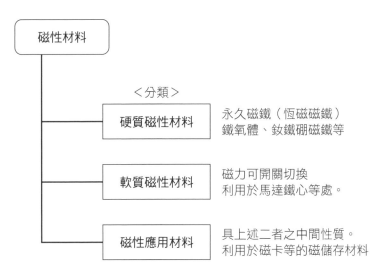

圖3.1 磁性材料的分類

思考熱的影響

受熱所產生的延展與傳導速度

材料受熱影響很大。溫度上升就會膨脹的性質，稱為熱膨脹。軌道上鋼軌的接點上留有空隙，就是為了納入夏季受熱膨脹後的延展量。

這個因熱而產生的現象可從兩個切入點來看。其一為「溫度上升所產生的延展」的視點，以及「熱的傳導速度」的視點。因為是不同的視點，在實務上也是分開使用。

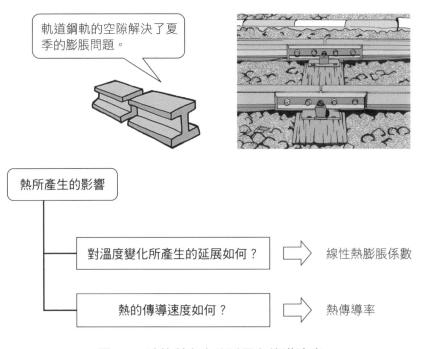

軌道鋼軌的空隙解決了夏季的膨脹問題。

圖3.2　受熱所產生的延展與傳導速度

延展要從線性熱膨脹係數來讀取

　　因熱所產生的延展程度是以每種材料的「線性熱膨脹係數」所決定，數值愈大表示愈容易延展。使用這個數值的優點在於，只要知道上升溫度就能夠計算具體的延展量，以及可以比較每種材料的延展程度。表3.3中顯示了各種材料的線性熱膨脹係數。來比較看看鐵和鋁吧。因為鋁的數值大約是鐵的兩倍，可以知道升高同樣的溫度，鋁的延展量將會是鐵的兩倍。這個線性熱膨脹係數也稱為線膨脹率。另外，「熱膨脹係數」這個名稱，除了長度外也包含體積膨脹的意義，因此為了要明確表示長度的膨脹就會使用「線性熱膨脹係數」這個名詞。

表3.3　主要的線性熱膨脹係數

分類	材料名	線性熱膨脹係數 $\times 10^{-6}/°C$
金屬	鐵（SS400）	11.8
	不鏽鋼（SUS304）	17.3
	銅（黃銅）	18.3
	鋁	23.5
非金屬	玻璃	9
	混凝土	7～13
	聚乙烯（低密度）	180

註）數值大者愈易延展。

計算因熱產生的延展量

延展量可以用3個數字相乘來計算。

延展量＝（線性熱膨脹係數）×（原來的長度）×（上升溫度）

以長200mm的鋁棒為例，來試算看看溫度上升攝氏10度時，長度方向的延展量吧。根據表3.3，鋁的線性熱膨脹係數為$23.5×10^{-6}/℃$，可得出：

延展量＝（$23.5×10^{-6}/℃$）×（200mm）×（10℃）＝0.047mm

也就是說，可以知道200mm長的鋁棒，在溫度上升10度時會發生0.047mm的延展，全長變為200.047mm。不管是圓棒還是角棒，也無論形狀差異，延展量全部都是相同的。順道一提，10^{-6}就是將1除以10的6次方的意思。

再者，只要上升溫度相同，不管是哪個溫度帶其延展量都是一樣的。比如說，20度變到25度，和100度升到105度，因為兩者皆為上升5度，因此延展量也一樣。

再介紹一個例子。長100mm的鋼鐵棒上升1度時的延展量，依表3.3可得出：

延展量＝（$11.8×10^{-6}/℃$）×（100mm）×（1℃）＝0.00118mm

約等於1微米。1微米也就是1μm（微米），即1mm的千分之一。因為長100mm，1℃ 1μm的緣故，技術人員會以順口溜「100、1、1」來記，相當方便。假如上升了10度的話，10倍就會變成10μm了。

因為材料會像這樣受熱的影響，孔和軸的間隙如果有微小的公差構造時，孔和軸會使用相同材料。因為若使用不同的材料，線性熱膨脹係數不同，間隙量就會有所變化。這也是設計時的一個要訣。

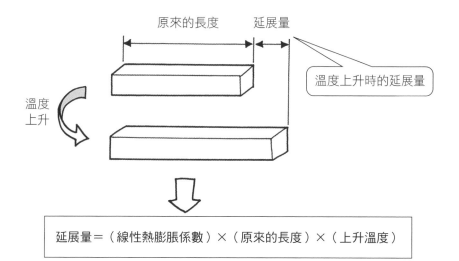

圖3.3 計算因熱產生的延展量

圖面上指示的尺寸是以20℃為條件

　　因為溫度變化會使材料發生延展，因此便會出現「圖面上所指示的尺寸是以幾℃為前提呢？」這樣的問題。因此，JIS規格就以「圖面尺寸是以20℃的環境溫度來做檢核」定義。高精度的加工和檢查作業要在有溫控的恆溫室內進行，就是因為這個理由。

對於減少因熱產生的延展

　　歸納上述，想要盡可能減少因熱產生的延展時，可以：

1）選擇線性熱膨脹係數小的材料
2）將做為對象物的零件尺寸設計得小些
3）減少溫度變化，控制在一定溫度

　　3)的重點在於「溫度變化」。比如說，即使是100℃的高溫環境，控制在一定溫度，沒有溫差變化的話尺寸就不會改變。

表現傳熱速度的熱傳導率

　　在有冷卻或保溫需求的時候則需要從第二個視點，也就是傳熱速度來考量。想要快速散失熱能、冷卻下來的時候，要使用傳熱速度快的材料。反過來，希望蓄積熱能保溫的時候，就要使用不易傳熱的材料。做這個判斷時所用的指標就是「熱傳導率」。數值愈大表示愈容易傳熱。必須保持冷卻的零組件經常都使用鋁料，因為它的熱傳導率比鐵大，容易傳熱，然後和銀或銅比起來它的價格也較低廉，是備受青睞的原因。另一方面，因為斷熱材的目的是要讓熱不要跑掉，從表3.4也可讀出它具有壓倒性低的熱傳導率。

　　即使無法理解熱傳導率的單位 W/（m・K），在實務上也沒有問題。只要活用數值的大小就十分足夠了。雖說如此，專門的技術人員可能會有興趣，還是簡單說明一下。這個單位的意思是，厚度1m的板材兩端有1度的溫差時，通過這個1m^{2}板材，在1秒內所流過的熱量。被運送的熱量是W，此時（單位時間中被運送的熱量W）為（比例係數）乘（垂直於熱流的截面積m^2）乘（單位面積的溫度梯度K/m）的積，當中的（比例係數）就是熱傳導率。這樣一來，

　　熱量 W ＝熱傳導率×m^2×K/m　因此，

　　熱傳導率＝熱量 W×1/m^2×m/K ＝ W/（m・K）

　　K是溫度單位克耳文。克耳文和攝氏的關係是：

　　0℃ =273.15K，或者 0K=-273.15℃

表3.4 主要的熱傳導率

分類	材料名	熱傳導率 W/（m·K）
金屬	鐵	80
	鋁	237
	銅	398
	銀	427
非金屬	斷熱材	0.03 ～ 0.05
	聚乙烯（低密度）	約0.4
	玻璃	約1
	混凝土	約1

註）數值愈大愈容易傳熱。金屬為純金屬的數值。

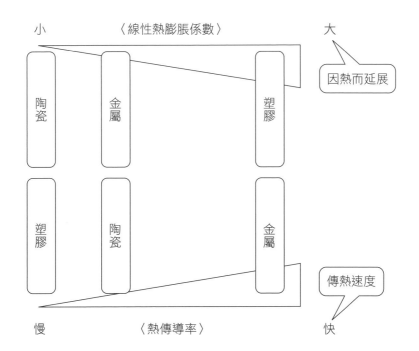

圖3.4 線性熱膨脹係數和熱傳導率的關係

關於化學性質—生鏽

對化學反應的性質

到目前為止我們檢視了機械性質和物理性質。最後就來學習關於化學性質的部分吧。化學性質表現的就是當材料和周圍的氣體或金屬等起化學反應、發生氧化或穿蝕成洞現象時的抗腐蝕能力。這個性質以專門用語來說就稱為耐蝕性。黃金等貴金屬僅為單質就很安定的緣故，耐蝕性優良；其他的金屬則會和氧、硫磺、氯等結合成氧化物、硫化物、氯化物等化合物而安定下來。在此就來介紹最常見的生鏽情形。

生鏽是本來就會有的樣子

我們在路上常可以看到生鏽的看板、柵欄、棄置的腳踏車。然而這些金屬生鏽是很自然的，本來就該如此。因為金屬在不安定的狀態，必須靠與氧結合成氧化物的形態安定下來。鐵的原料—鐵礦石就是一個很好的例子，它以安定狀態的氧化鐵存在於自然界中。藉由從鐵礦石中將氧去除，就成為我們可以利用的鐵。另一方面，鐵本身為了擺脫這個不安定的狀況，又會開始和氧結合來回復原貌，這個過程便產生出鏽。

發生生鏽的機制

生鏽是因與氧和水的反應所生。它的機制要以複雜的化學式來表現，這邊就介紹容易了解的重點。

1）金屬表面有水附著的話，空氣中的氧就會被水吸收。
2）含氧的水分中溶出鐵（正確來說為鐵離子）。
3）這個鐵離子和氧及水結合，就產生了氧化鐵的生鏽。

因此，乾燥的沙漠不容易生鏽，濕氣愈重愈容易生鏽。如果將金屬棒插到水中時，和水面交界的地方最會生鏽，因為那邊是同時存在氧和水的環境。有鹽分的話也容易生鏽，因為鹽在化學上會促進生鏽，並且鹽又有吸收濕氣的傾向，會吸收空氣中的水，而水則進一步導致生鏽。日本的國土濕度高又為海洋所環繞的緣故，是容易發生生鏽的環境。容易生鏽的程度因金屬不同而各異，從離子化傾向的這個視點來做排序；不會氧化的有金、白金、銀、水銀；緩慢氧化的有銅、鉛、鎳、鐵、鋅、鋁、鎂；立刻就會氧化的有鈉、鈣、鉀。

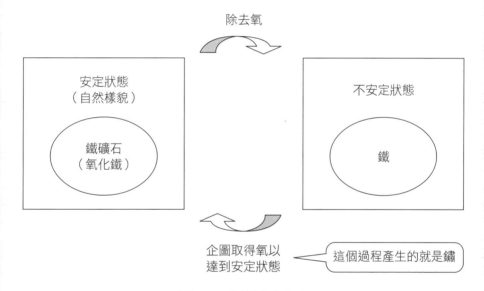

除去氧

安定狀態
（自然樣貌）

鐵礦石
（氧化鐵）

不安定狀態

鐵

企圖取得氧以
達到安定狀態

這個過程產生的就是鏽

圖3.5　金屬追求安定

惡性的紅鏽和良性的黑鏽

鐵鏽有兩種。分別是看起來紅紅的被稱為紅鏽的三氧化二鐵（化學式為 Fe_2O_3），以及看起來黑黑的被稱為黑鏽的四氧化三鐵（化學式為 Fe_3O_4）。通常被稱為鏽的都是指前者，也就是紅鏽的部分。這種紅鏽因為其自身的空隙很多，所以從這些空縫跑進去的氧和水分結合後，會繼續向深處鏽蝕，而使母材變得殘破不堪。生鏽的看板到最後都會整個朽蝕，就是這個原因。

另一方面，因為黑鏽的表面是一層無空隙的膜，可以保護母材不為氧和水觸及，進而防止紅鏽的鏽蝕，黑鏽被稱為良性鏽的原因就在這裡。黑鏽不會自然產生，有將鐵在空氣中燃燒與氧結合的方法，以及被稱為金屬染黑的強制鍍膜方法。在小學自然科的實驗中，把迴紋針以瓦斯爐加熱到變紅然後冷卻，迴紋針會變黑就是因為黑鏽的緣故；以及中式料理的炒鍋買來要充分乾燒，也是為了要形成這個黑鏽。

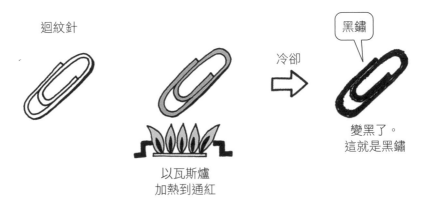

圖3.6　做出黑鏽的方法

不鏽鋼和鋁也會生鏽

　　雖然在我們印象中，鐵合金的不鏽鋼以及非鐵金屬的鋁都不會生鏽，但其實它們都已經是生鏽（氧化）的狀態。不鏽鋼是讓材料中含有的鉻（Cr）和氧結合，形成氧化鉻膜；而鋁也會和氧結合形成氧化鋁的膜。這種緊緻細密的氧化膜會充分覆蓋金屬表面，保護母材不為氧和水觸及，被稱做鈍化膜。要形成不鏽鋼的鈍化膜必須要有13%以上的鉻（Cr）。因此不鏽鋼全都含有13%以上的鉻。這在第4章不鏽鋼的部分會再介紹。

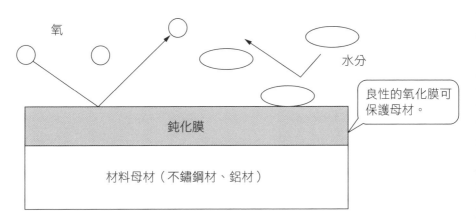

圖3.7　鈍化膜

防止紅鏽的對策

從前面介紹生鏽的機制可知，防止紅鏽的對策就是遮斷氧和水。防鏽的對策有：

1）選擇會自然生成良性氧化膜的不鏽鋼和鋁
2）塗佈油或黃油等防鏽劑
3）鍍膜處理
4）塗裝處理
5）真空包裝
6）在不易生鏽的環境使用

這些方法各有優劣，要從中選擇最適合的。

1）的材料選擇還必須要從強勁性、輕量度、材料價格的視角做判斷。

2）的防鏽劑塗布雖是簡單的方法，但會因塗布而弄髒了對象物，或者有必要定期塗布保養。

3）的鍍膜是以不易腐蝕的金屬覆蓋母材的方法，是經常被採用的方法。

4）是以油漆塗裝，具有可選擇各種顏色的優點；但因加上油漆厚度，就不適合要求高度精度的精密零件。

5）的真空包裝，經常被用於食品的包裝。藉由真空包製造出沒有氧和水分的環境。

6）的環境，像是使用可管理濕度的空間，或避免於鹽分濃度高的沿岸地區使用。

完美利用紅鏽的暖暖包

到目前為止我們都把紅鏽當作是不受歡迎的東西，但暖暖包卻將這個現象完美商品化。在真空包中將做為發熱體的鐵粉、促進生鏽的水分和鹽分、以及可取得氧的活性炭都密封起來。使用時只要一開封就開始和空氣中的氧結合，快速氧化，而暖暖包就是利用這個過程所產生的熱能。因為把鐵弄成粉狀、表面積變大，更可加快氧化速度。用完時，鐵粉從黑色變成了紅褐色，就可以知道是因為變成紅鏽的緣故。進一步量測使用前後的重量，約從50克變到55克，其中增加的重量就是被結合的氧的重量。

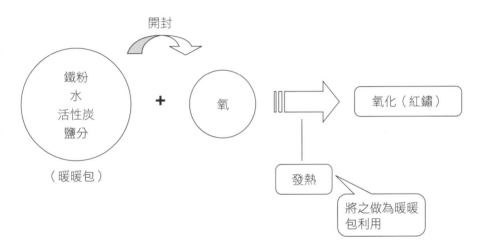

圖3.8　暖暖包和氧化

充電站

藉由鑽孔加工來實際感受材料的差異

　　如同第 1 章所説，認識材料知識的其中一個困難處在於光靠眼睛看並不能判別材料種類，也無法產生實感。因此，在這邊介紹一些可實際感受材料差異的方法。第一個就是感受「輕」。我想鋁比鐵輕這件事很多人都知道，也知道表示重量的密度鋁也只有鐵的三分之一，但在書桌上知道的和實際感受到的卻有很大的差異。因為現場加工者以外的人很難有機會以實物做比較，請務必去作業現場從庫存中的材料裡找出大小相同的鐵和鋁來比較看看。工廠很遠的話，五金行或都內的東急手創館（Tokyu hands）、LOFT 也有很多材料，可做為很好的學習場所。

　　再一個就是加工的實際體驗。即使這樣説，但因為不能使用操作困難的加工機具，在管理者的指導下，請用鑽孔用的鑽台這種一般加工機，對鋼鐵材料、不鏽鋼材、鋁材依序鑽孔看看。板材上開個直徑 3mm 大小的孔就夠了。加工完鋼鐵材料之後再換不鏽鋼材，馬上就可明白對又硬又具韌性的不鏽鋼加工是多麼困難。也會了解到詞彙上難以理解的韌性是什麼意思。接下來再對鋁做加工的話，會感動於那種幾乎可以説是有趣的輕鬆鑽削感受。

　　只要一次就好，這些動手操作的實際體驗將變成武器。特別對是文組出身的讀者，因為幾乎沒有過這種經驗，所以將會是極有意義的一次體驗。

第 **4** 章

鋼鐵材料

從鐵礦石提煉出鋼鐵材料

為什麼鐵被廣泛使用？

鐵占了地球重量的三分之一。因為很重，許多都沉入地球的中心，在表面的地殼中則以鐵礦石或鐵砂的形式存在著。像這樣，蘊藏量多且可以有效率的自鐵礦石中取出，就是鐵為社會廣泛使用的主要因素。

其他，還能舉出像鐵能夠回收、材料性質易於控制等理由。現在所生產的鐵約有三成是回收來的，這種程度的高回收率相當優異。日本的鋼鐵生產量雖會因景氣而有所變動，但年產量仍約有一億噸，由此可知三成的比例是多麼大的數字。再者，從鐵礦石取出的鐵中含有各式各樣的成分，改變這個成分的比例就能改變鐵的性質，也是一大優點。

在所有產業都被使用的鐵

大樓、橋梁、電車、船、汽車就不用說，家中的冰箱、洗衣機、廚具的水槽、電腦和手機中的零件，都會使用到金屬；除此之外，生產這些產品的生產設備中也有很多是以金屬製造。這些被使用的金屬中有90%以上都是鐵。使用鐵最多的前三大產業分別為工程、汽車以及造船業。日本工業的一大特徵就是從海外進口原物料，在國內生產成優良產品後再外銷出去。鐵也一樣，其原料—鐵礦石從澳洲或巴西進口，而在日本國內生產的鐵有約40%再外銷出去*。日本在製鐵方面的優勢就是其世界頂尖的品質，特別是被用於汽車的薄而強力的高張力鋼板，更是獨步全球。此外，製鐵廠的節能技術也是世界第一。製鐵雖必須耗費大量能源，但可將熔爐所產生的高壓氣體用於發電，90%以上的水也可回收再利用。製鐵所耗費的能源和歐美比較起來，可以提升接近20%的效率。

* 編按：台灣鋼鐵主要以內銷為主，直接外銷比率約為三成。

〈鋼材〉

〈廢鐵〉

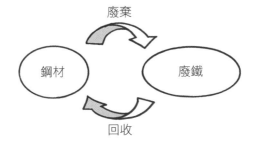

廢棄

鋼材　　　　　廢鐵

回收

圖4.1　使用的鐵有3成都是回收品

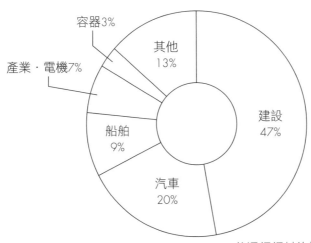

容器3%

其他
13%

產業・電機7%

建設
47%

船舶
9%

汽車
20%

普通鋼鋼材的訂單量（2012年度）

圖4.2 各產業的鋼材使用比率

產出鐵的製鐵和製鋼

　　如在第3章所學，鐵會和氧結合，以鐵礦石與鐵砂的安定狀態存在著。因此，藉由把氧分離掉就可取出鐵，這個工程稱為製鐵。製鐵使用高達100公尺以上，一種稱為高爐的設備。從爐上方同時投入鐵礦石和將煤炭乾餾後形成的焦炭，再從下方吹入高壓的熱風讓焦炭燃燒，藉由此熱能將鐵礦石熔化。這時，和鐵結合在一起的氧會慢慢脫離而產生鐵並堆積在爐底，成為生鐵。然而，這個階段的生鐵含有許多碳元素和雜質。

　　接下來，將這個生鐵還在液化熔融狀態時移到轉爐中，然後吹入氧來將碳元素控制至適當的量，並除去雜質。依此製造而成的鐵就稱為鋼。鋼日文讀做hagane，但一般就稱之為kou。把這個鋼以液化熔融狀態再流入連續鑄造設備，以進一步除去雜質並逐漸冷卻，最後便形成巨大的塊體。像這樣除去雜質並將熔掉的鐵製成鋼片的過程，就稱為製鋼。

圖 4.3　製鐵和製鋼

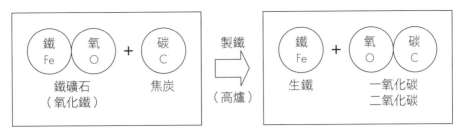

圖4.4 製鐵的原理

以壓延機製作鋼（熱間壓延）

　　透過製鐵工程和製鋼工程，從鐵礦石中取出鐵後再做成鋼。而因為此時鋼塊的厚度接近25cm，用途大幅受限。因此，要再從這個塊體做成板或棒的形狀。將已經冷卻的鋼片再次加溫到1000℃以上，使其軟化，然後送進稱為壓延機的設備中。這個壓延機和用桿麵棍平壓麵糰的原理一樣，是將鋼片以上下的滾輪夾住後慢慢壓薄。如果是較厚的鋼板就直接以板狀原形取出，若是厚度介於1.2~1.9mm的鋼板則會將之捲成像捲筒衛生紙般的線圈狀後取出，稱為熱軋鋼捲。因為是在高溫時做壓延加工，所以這個工程被稱為熱間壓延，生產出的製品則稱做熱軋鋼板出貨。然而不僅限於板材，鋼也會被製成棒材、線材、特殊剖面形狀的型鋼等各種形狀。代表性的型鋼有常被用於營造的H型鋼和I型鋼，其他還有被稱為L型角鋼的山形鋼、以及被稱為C型鋼的槽形鋼等。（P.26、圖1.5）

進一步壓延做成薄板（冷間壓延）

像飲料罐等製品的鋼板厚度就更薄，其要求在0.5mm。這個薄板因為是用之前的熱軋鋼板於常溫下近一步壓延而成，所以被稱做冷間壓延，生產出來的製品則稱為冷軋鋼板。冷間這個字會讓人有冰冷的印象，但其實是在常溫下所進行的工程。因為可以控制到1/1000mm的極小厚度，在厚度的精度掌控上很優異，金屬表面也能處理得光滑漂亮。之後將介紹的SPC材（冷軋鋼板），就是以這個工程所製造出來的材料。因為是常溫壓延，金屬組織會亂掉而變硬，所以壓延後要做退火處理（在第6章介紹），以除去內部應力讓材料軟化。而防鏽的鍍鋅鋼板或鍍錫鋼板，也是以這種冷軋鋼板做鍍層處理的產品。

鑄造用的鑄鐵

透過熱軋和冷軋得出的是鋼板、棒材、線材、鋼管、型鋼這些鋼材。另一方面，也有不管形狀直接使用塊狀的材料，那就是鑄造用的鑄鐵。鑄鐵是加熱熔化後流入模具，待冷卻凝固拆模取出鑄造品的材料。因為要熔化後使用的材料就沒有先塑型的必要，所以是以塊狀出貨。而為了確保這個鑄鐵能夠流動到造型複雜的模具的每一個角落，也因為含碳量愈高熔化溫度就愈低而適合鑄造的緣故；這個鑄鐵是以在前述的製鐵工程中，從高爐取出的高含碳量生鐵固化後所製成的。

【從鐵礦石產出鋼的工程】

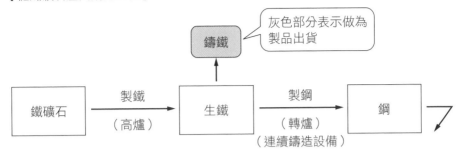

【塑型工程】

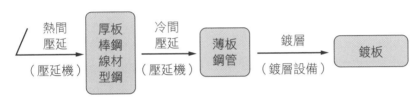

圖4.5 從製鋼到塑形的產出過程

高爐廠商和電爐廠商

　　製鋼廠很多，可大致分為高爐廠和電爐廠。高爐廠指的是從原料的鐵礦石到鋼鐵材料都是一貫以高爐生產的廠商，日本有新日鐵住金、JFE、神戶製鋼所、日新製鋼等四家企業。另一方面，以廢鐵為原料使用電爐生產的電爐廠商，則有東京製鐵等數十家*。電爐廠商在鐵資源再生的領域扮演了重要的角色。和高爐廠動輒需要200個東京巨蛋那樣大的土地比起來，電爐廠除了不需要很大的土地之外，也有很好的生產效率；但因為廢鐵的不純物質多，電爐鋼的弱點就是在高品質產品的製造上，品質比不上高爐製品。

　　再者，會將生產不鏽鋼和耐熱鋼等高機能性合金鋼的廠商和電爐廠商做區分，另稱為特殊鋼廠商。

---

* 編按：台灣高爐煉鋼代表業者有中鋼、中龍等；電爐煉鋼業者則有燁聯、東和鋼鐵等。

從鐵礦石到鋼鐵材料

將到目前為止解說的內容以圖解的方式來看看吧。

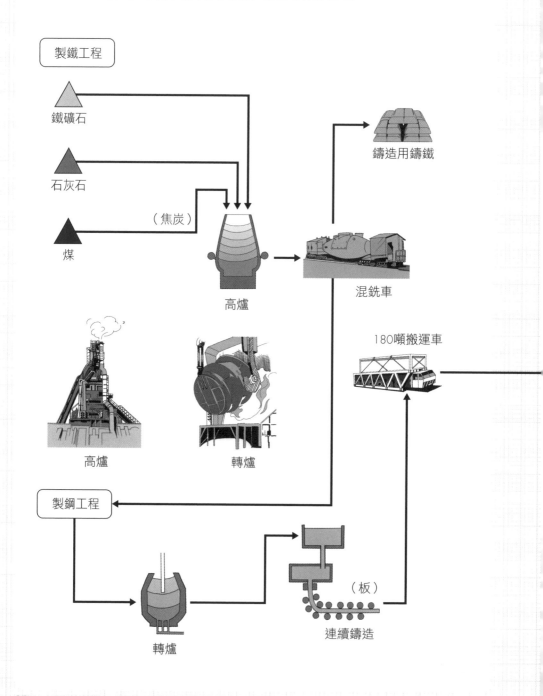

製鐵工程

鐵礦石

石灰石

（焦炭）

煤

鑄造用鑄鐵

高爐

混銑車

180噸搬運車

高爐

轉爐

製鋼工程

轉爐

（板）

連續鑄造

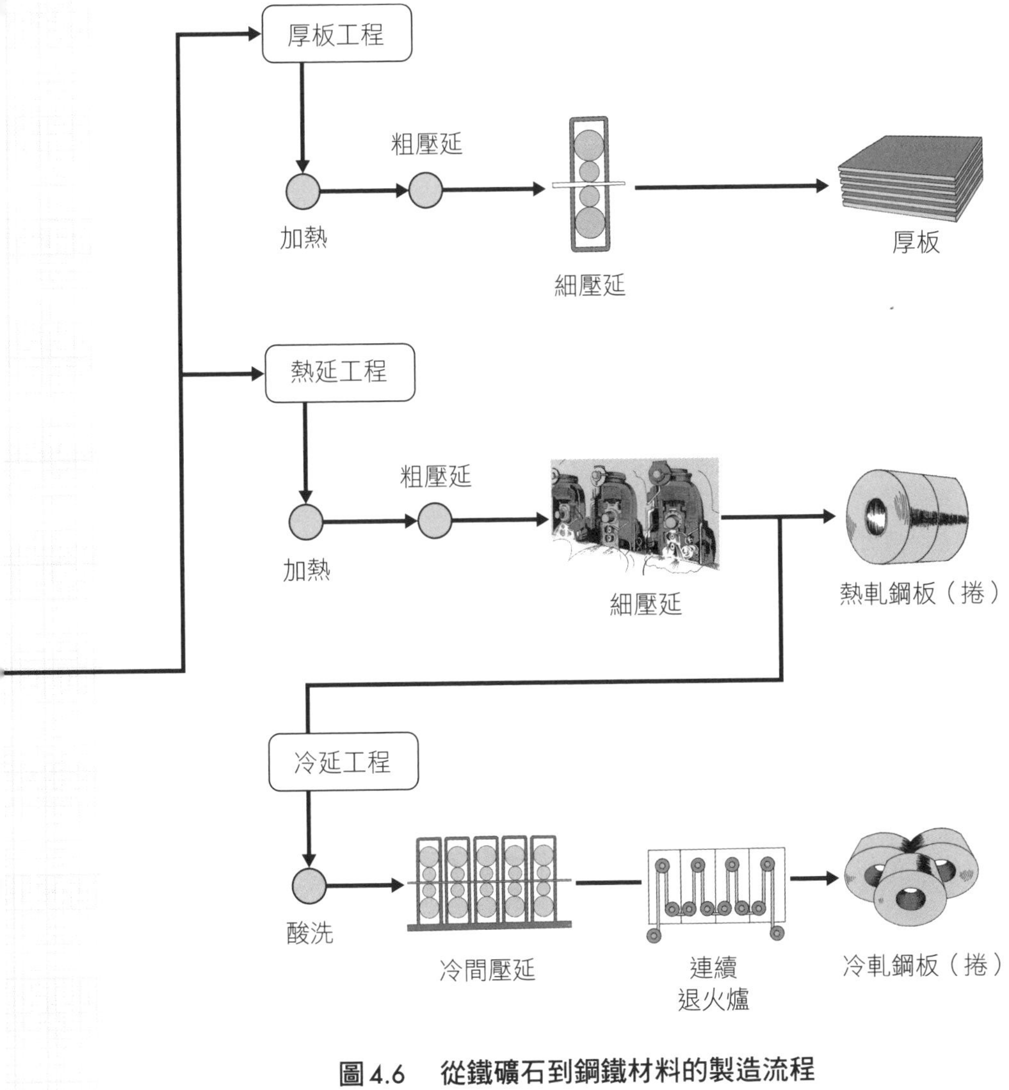

圖 4.6　從鐵礦石到鋼鐵材料的製造流程

厚板工程

粗壓延

加熱

細壓延

厚板

熱延工程

粗壓延

加熱

細壓延

熱軋鋼板（捲）

冷延工程

酸洗

冷間壓延

連續
退火爐

冷軋鋼板（捲）

第 **4** 章

鋼鐵材料

整體掌握鋼鐵材料

含碳量決定鐵的性質

　　鐵也好鋁也好，純金屬都太軟所以在用途上有所限制。因此，便藉由加入其他成分來改變金屬性質到實際可用的程度。對鐵影響最大的莫過於碳，藉由控制碳含量，可以分別生產出由軟到硬的鐵材。這種藉著控制成分所得到的材料就稱為鋼鐵材料。鋼鐵材料依照碳含量多寡分類，包含鋼分成的軟鋼和硬鋼，總共有純鐵、軟鋼、硬鋼、鑄鐵等四大類。含碳量0~0.02%的是純鐵；0.3~2.1%是硬鋼；2.1~6.7的是鑄鐵。因為純鐵太軟沒有實用性，從軟鋼開始應用。區分軟鋼和硬鋼的0.3%，便是做為有無淬火效果和可否焊接的標準。區分硬鋼和鑄鐵的2.1%，則為金相組織變化的界線。超過2.1%，因碳會以黑鉛（石墨）的形式出現，材料性質產生巨變。到達6.7%以上時，則會因太脆而不耐使用。

　　因含碳量愈多，材料愈強韌，碳做為「含碳量和抗拉強度的關係」及「含碳量和硬度的關係」中的一個標準，根據《JIS鋼鐵材料入門》（大和久重雄著）：

　　　　抗拉強度（kgf/mm²）＝ 20+100× 含碳量%

比如說含碳量為0.45%的話，則抗拉強度為20+100×0.45 ＝ 65kgf/mm²。

以國際單位表示，則變成65kgf/mm²×9.8=637N/ mm²。

　　再者，含碳量和硬度的關係則是以：

　　　　硬度（HBW）＝ 80+200× 含碳量%（C<0.6%）為計算標準。

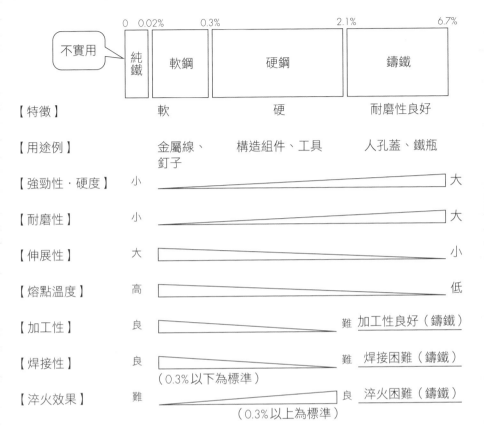

圖4.7　依碳含量變化的特徵

　　感覺上來說都會覺得鐵愈強韌愈好，但也有很多時候柔軟性和延展性才是必要的性質。比如說金屬線若彎曲不了就會很困擾，又或者為避免釘子因敲擊時的衝擊力量斷裂就會使用軟鋼。再者，以沖壓加工在板材上施以凹凸效果時，假若沒有延展性，凹凸部分就會產生龜裂。飲料的鐵罐也需要具備足以彈性彎曲的柔軟特性才能將薄板彎成筒狀。強調安全性的鍊條在被過度施力時，也不是一下子就斷裂，而是採用能先產生拉伸來引起使用者注意的軟鋼。

依碳含量變化的各種特徵

從這邊開始來看看依碳含量變化的各種性質傾向。

（1）強勁性和硬度

碳含量增加愈多就會變得愈強愈硬。但是就如第2章所學，若把強勁性分開來看，還包含表示不易變形程度的「剛性」，以及表示能承受多大外力的「強度」。其中剛性和含碳量或種類、淬火硬化都沒有關係，只要是鋼鐵材料其鋼性皆相同。另一方面，強度和硬度則是會隨著含碳量增加的程度以及經過淬火、回火處理而有所提升。

（2）加工性

碳含量愈多就會變得愈硬，加工處理就會變得愈困難。一直到0.6%為止都還好加工，但超過0.6%以上，因為變得更硬，加工性就變差了。另一方面，鑄鐵雖然硬，不過因為很脆的緣故，加工性還算良好。

（3）淬火效果

含碳量少的話難以發揮淬火效果，含碳量愈多則淬火效果愈好。淬火效果以0.3%以上做為一個標準，一直到含碳量0.6%的範圍，施做淬火都能夠提升硬度；一旦超過0.6%即使做淬火處理硬度也不會提升，但耐磨性會變好。2.1%以上的鑄鐵在未做淬火處理時就已經具有高硬度，一般不會再施做淬火。且因為鑄造品很多都形狀複雜，若有厚度差異時，一做淬火則會有淬裂的風險。

（4）焊接性

焊接和先前的淬火臨界值一樣，標準都是0.3%。0.3%以下容易焊接，超過0.3%則因含碳量高，焊接的熱會產生淬火的效果，而容易發生淬裂缺陷的緣故，要避免焊接。

（5）熔點溫度

含碳量愈多則熔點溫度就愈低。純鐵約是1500℃，高含碳量的鑄鐵則為1200℃。為了要讓液態鐵順暢地流入形狀複雜的模具裡，溫度愈低愈好，因此鑄鐵就成為適合用於鑄造的材料。

表4.1　依含碳量變化的機械性質

（a）正火材

含碳量	種類例	降伸強度 ↑彈性範圍的上限值		抗拉強度 ↑發生破斷的臨界值		硬度	
		N/mm²		N/mm²		HBW	
0.20%	S20C	245 以上		400 以上		116 ～ 174	
0.30%	S30C	285 以上		470 以上		137 ～ 197	
0.40%	S40C	325 以上		540 以上		156 ～ 217	
0.45%	S45C	345 以上		570 以上		167 ～ 229	
0.50%	S50C	365 以上		610 以上		179 ～ 235	

（b）淬火回火材

含碳量	種類例	降伸強度	抗拉強度	硬度
		N/mm²	N/mm²	HBW
0.20%	S20C	無淬火效果	無淬火效果	無淬火效果
0.30%	S30C	335 以上	540 以上	152 ～ 212
0.40%	S40C	440 以上	610 以上	179 ～ 255
0.45%	S45C	490 以上	690 以上	201 ～ 269
0.50%	S50C	540 以上	740 以上	212 ～ 277

　　表4.1（a）的正火材表示的是材料的標準狀態，（b）的淬火回火材，則表示材料經過增加硬度與韌性的熱處理。而不管哪一個，都可以發現含碳量愈高，強度（降伸強度、抗拉強度）就愈高。進一步觀察可以發現，（b）的淬火回火材，其含碳量愈高，強度提升的幅度會大幅高於（a）提升的幅度，淬火效果更明顯。

主要的五大元素

加入鐵的成分中最具代表性的就是碳（C），其他做為輔助角色的還有矽（Si）、錳（Mn）、磷（P）、硫磺（S），稱為五大元素。碳是不可或缺的存在，也是強勁性和硬度的來源。矽（Si）也被稱為珪素，能提高彈性上限值（降伏強度）和破斷臨界值（抗拉強度）。錳（Mn）是能夠提高韌性，使焠火效果容易發揮的元素。目前介紹的三種元素都是讓材料性質得以提升的重要成份；而剩下的磷（P）和硫磺（S）則為有害成分，本來希望可以完全不含這些成分，但在煉鋼過程中不得已會混入材料中。磷（P）可以讓材料在低於0度時的低溫環境降低韌性。反過來，硫磺（S）則會使材料於900℃的高溫時變脆。磷和硫磺化學成分的標示只會以像「0.030%以下」這樣控制上限值的方式來表現，這是為了盡可能用最少的含量就能達到維持品質的目的。以上五種就是鋼鐵材料中的基本元素。而因為表示元素的時候也常會使用元素記號，本書會在其名稱後以括弧的方式帶出元素記號。

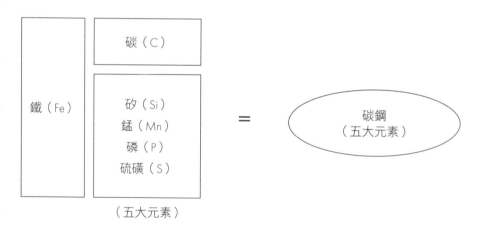

圖4.8　五大元素與碳鋼

區分碳鋼與合金鋼

　　鋼依其添加物的種類可分成碳鋼和合金鋼。只以五大元素構成的為「碳鋼」，五大元素外再添加鉻（Cr）、鎳（Ni）、鉬（Mo）等金屬的則稱為「合金鋼」。合金鋼價格高昂，但具備優異的性質。像這樣將碳鋼和合金鋼分類，選定材料時就會變得容易些。因為可以先就便宜的碳鋼做討論，不得已還是無法解決問題時才進一步考慮使用合金鋼。

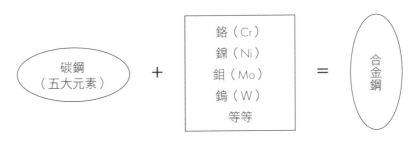

圖4.9　碳鋼和合金鋼

　　使用合金鋼的目的，以機械性質來說，是要提升強度和淬火性能；以物理性質來說，是要提升耐熱性；以化學性質來說，則是提升其耐蝕性。在我們身邊常被使用的合金鋼，就是被用於製作廚具的不鏽鋼。不鏽鋼雖然價格高昂但為耐鏽蝕又優美的材料。

鋼鐵材料的分類

依循前面提過的分類方式，第四章所介紹的鋼鐵材料可分類如下。灰色的部分即為本章內容。

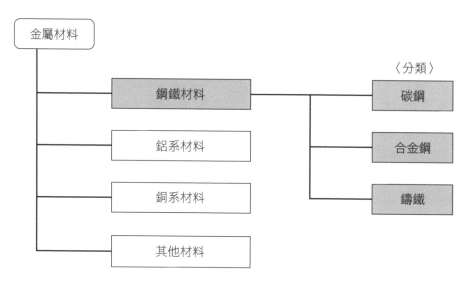

圖4.10　鋼鐵材料的分類

熱間壓延的黑皮材和冷間壓延的磨光材

之前將壓延加工分成熱間壓延和冷間壓延來介紹，是因為成品的表面狀態不同的緣故。習慣上會以黑皮材和磨光材來稱呼，現在就來介紹這些表面的差異。黑皮為在熱間壓延時，當從接近1000度左右降到常溫時所產生的黑鏽（氧化膜）。黑鏽的狀態不一，其凹凸程度有的是以手指滑過就可以感覺得到，也有相對光滑的，沒有一定的狀態。若對製品的外觀或精度有所要求的零組件，在採用黑皮材時，就要將表面黑皮做切削或噴砂加工去除。另一方面，在常溫下所軋製的冷軋鋼板因為表面漂亮光滑，所以被稱為磨光材，並不需要進一步表面加工就可直接使用。這個黑皮材和磨光材在第七章也會解說。磨光材也稱拋光材，本書就統一以磨光材來表示。

材料記號的讀法

因為鋼鐵材料的JIS記號規則很複雜，詳細內容會在之後每種材料的個別解說中介紹。惟有起頭文字都依照共通規則以Steel（鋼）的S表示；比如說SS400或S45C的起頭文字S。碳含量2.1%以上的鑄鐵，則是以拉丁文的鐵Ferrum和表示鑄造或鑄造物的Casting這兩字第一個字母連起來的FC放在名稱起頭；比如說FC200的FC。

表4.2　主要鋼鐵材料的材料記號

碳鋼	JIS 記號	合金鋼	JIS 記號
冷間壓延鋼板	SPCC	不鏽鋼	SUS
一般結構用壓延鋼材	SS	合金工具鋼鋼材	SKS、SKD
機械結構用碳鋼鋼材	S-C	高速工具鋼鋼材	SKH
碳工具鋼鋼材	SK	機械結構用合金鋼鋼材	SCr、SCM SNC、 SNCM
焊接結構用壓延鋼材	SM	彈簧鋼鋼材	SUP
灰口鑄鐵	FC	高碳鉻軸承鋼鋼材	SUJ

註）左欄為碳鋼，右欄為合金鋼。

碳鋼

碳鋼的全貌

這邊開始會依序介紹碳鋼、合金鋼、鑄鐵。首先就從碳鋼的五個種類開始。

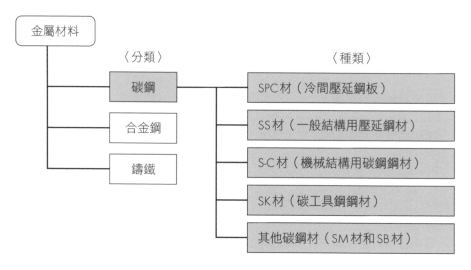

圖4.11　碳鋼的種類

圖4.12是根據JIS規格的設定，將各種類的鋼鐵材料依照碳含量的多寡來做區分。從含碳量少的開始，依序設定為0.1%的SPC材（冷間壓延鋼板）、0.1~0.3%的SS材（一般結構用壓延鋼材）、0.1~0.6%的S-C材（機械結構用碳鋼鋼材）、0.6~1.5%的SK材（碳工具鋼鋼材）、2.1~4%的FC材（灰口鑄鐵）。雖然在JIS規格中，包含各材料的通稱和記號標示方式，但因為實務上都是使用JIS記號，所以本書也以記號來優先記述。

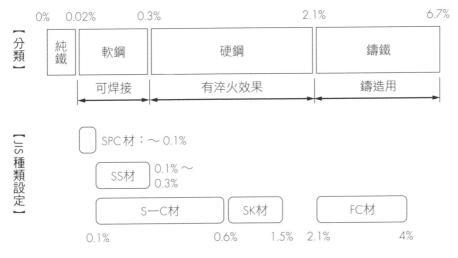

圖4.12　依含碳量多寡做為標準的JIS種類設定

市售品的形狀

各種類鋼鐵材料的市售品形狀，如表4.3所示。

表4.3　各種類的市售品形狀（參考）

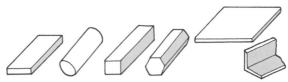

種類	材料記號	扁鋼	圓棒	四角棒	六角棒	鋼板	型鋼
冷間壓延鋼板	SPCC					○	
一般構造用壓延鋼材	SS400	○	○	○	○	○	○
機械構造用碳鋼鋼材	S45C	○	○	○	○	○	
碳工具鋼鋼材	SK95	○	○				

SPC材（冷間壓延鋼材）

（1）概要

　　從這邊開始，依含碳量由少到多的順序介紹各品種；首先為 SPC 材。讀法就是把三個字母分開念。SPC 材是厚度 0.4~3.2mm 的薄板，頂多也只到 3.2mm，故只有板材，沒有圓棒或角棒的製品。SPC 材被廣泛應用在冰箱和洗衣機的機殼等家電製品上。因為含碳量在 0.15% 以下的緣故，是碳鋼中最軟的材料。JIS 記號的 S 為 Steel（鋼）、P 為 Plate（板）、C 為 Cold（冷軋）的略稱。SPC 材又可細分出 SPCC、SPCD、SPCE 三類。SPCC 為一般用、SPCD 為沖壓用、SPCE 為深沖壓用。沖壓用指的是，薄板適用於以模具在其上軋印出凹凸效果的沖壓加工。沖壓時，因為不能有破損或起皺的緣故，藉由減少含碳量就可以使金屬性質變得柔軟且富延展性。做為生產設備的零組件材料，便常常使用一般用的 SPCC。在這個 SPCC 上電鍍上鋅就成為 SECC（電鍍鋅鋼板）。

（2）強勁性

　　因為是軟質的板材，不會使用於受力大的部位。

（3）加工性

　　加工性良好。可直接以鋼板使用，或者主要施以彎曲加工或沖壓加工。因為是冷間壓延，表面非常光滑漂亮，不必另外刨削就可直接使用。

（4）焊接性

　　要焊接的話，適用電阻點焊。

（5）淬火效果

　　因為含碳量少不易淬火加工，況且以柔軟為特徵的材料，做淬火處理也沒什麼意義。若需要強勁性和硬度較高的話，就要選擇 SS 材或 S-C 材。

表4.4　冷間壓延鋼板和JIS記號

種類記號	化學成分（％）				抗拉強度		適用
	C	Mn	P	S	N/mm^2	Kgf/mm^2	
SPCC	0.15 以下	0.60 以下	0.100 以下	0.050 以下	無設定	無設定	一般用
SPCD	0.12 以下	0.50 以下	0.040 以下	0.040 以下	270以上	28以上	沖壓用
SPCE	0.10 以下	0.45 以下	0.030 以下	0.030 以下	270以上	28以上	深沖壓用

註）參見JIS G 3141。

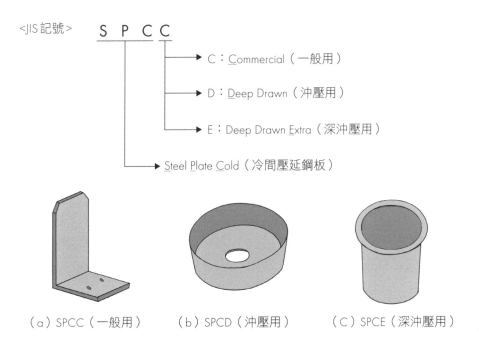

<JIS記號>　S P C C

C：Commercial（一般用）

D：Deep Drawn（沖壓用）

E：Deep Drawn Extra（深沖壓用）

Steel Plate Cold（冷間壓延鋼板）

（a）SPCC（一般用）　（b）SPCD（沖壓用）　（C）SPCE（深沖壓用）

圖4.13　SPC材的加工範例

SS材（一般構造用壓延鋼材）

（1）概要

　　SS材讀法一樣是將英文字母分開念。是做為通用材被使用最多的熱軋鋼板。便宜且市場性高，有鋼板、棒材、型鋼和許多的種類變形。SS就是Steel Structure（結構用鋼）的簡稱。接續在SS之後的三位數字表示的是抗拉強度的最低保證值；以SS400來說，因為它的保證抗拉強度是400~510N/mm²，所以就在SS後頭接續最小值400。又因為舊JIS記號的單位是kgf/mm²，所以過去也會看到像SS41這樣的二位數字。SS材的另一個特徵就是沒有規定它的化學成分。雖然對於有害成分磷（P）、硫磺（S）的上限值仍有所限制，但其他成分則沒有規定。也就是說，只要能夠確保抗拉強度，成分就任由鋼鐵廠發揮。因為對我們來說最重要的是機械性質，即使沒有規範化學成份也不會有什麼問題。

　　以JIS規格來說，雖有SS330、SS400、SS490、SS540四個種類，但實務上都使用SS400。SS400的含碳量大約是0.15%~0.2%。

（2）強勁性

　　SS400的抗拉強度為400 N/mm²，降伏強度為245 N/mm²。此降伏強度為厚度在16mm以下時的數值，若超過16mm，數值會往下掉；像是厚度超過100mm時，降伏強度便掉到205 N/mm²，弱了約20%。像這樣，一般的鋼材都具有厚度愈厚降伏強度愈低的傾向。這是因為鋼材愈厚，則壓延後溫度降到常溫所需的冷卻時間會變得愈長，使金屬組織產生變化所造成的影響。然而如果是在一般環境下使用，因為其強勁性仍有相當餘裕，所以即使不特別去意識這個因厚度而產生的差異也沒什麼問題。

（3）加工性

　　是非常容易加工的材料。SS材因為材料表面狀態良好的緣故，會盡可能直接使用原本的表面。若進行表面加工，則會釋放出原本蘊藏在材料內部的內部應力，恐怕會發生翹曲的情形。且每個材料的內部應力都不同，不實際切削看看的話並無從得知。若在表面加工很多設計的話，就要看是要採用做過降低內應力的退火材（在第6章解說），或是使用接下來要介紹的S-C材。

（4）焊接性

　　焊接性也很好。雖然因為沒有規定化學成份，所以無法百分之百保證焊接性，但就實務經驗來說並沒什麼太大的問題。

（5）淬火效果

　　因為含碳量很少，在0.2%以下。所以發揮不出淬火效果。必須要做淬火處理的話，要選用含碳量0.3%以上的S-C材。

表 4.5　一般結構用壓延鋼材和 JIS 記號

種類記號	舊記號（參考）	化學成分（%）				降伏強度或耐力 N/mm^2	抗拉強度 N/mm^2
		C	Mn	P	S		
SS330	SS34	—	—	0.050以下	0.050以下	205 以上	330～430
SS400	SS41	—	—	0.050以下	0.050以下	245 以上	400～510
SS490	SS50	—	—	0.050以下	0.050以下	285 以上	490～610
SS540	SS55	0.30以下	1.60以下	0.040以下	0.040以下	400 以上	540 以上

註）降伏強度為厚度、直徑、邊長或對邊距離在16mm以下時的數值。參見JIS G 3101。

<JIS 記號>　　S S 400

　　　　　　　　→ 最低抗拉強度（N/mm²）

　　　　　　　　→ Steel Structure（結構用鋼）

S-C材（機械結構用碳鋼鋼材）

（1）概要

　　S-C材同樣將英文字母分開唸。是繼SS材之後被廣泛使用的材料。和之前的SS材一樣，市場性高，種類也很多。JIS記號是在Steel（鋼）的S後面接上2位數字來表示含碳量（數字為含碳量乘100），而最後的C則表示Carbon（碳）。以最具代表性的S45C來說，表示它的含碳量為0.45%。雖然，在JIS規格裡，從S10C（含碳量0.10%）到S58C（含碳量0.58%）有20個種類，但實務上使用最多的是S45C和S50C。S-C材的化學成分也受到規範，又因其有害成分磷（P）和硫磺（S）的含量都被抑制到比SS材還低，因此品質也比SS材高。S-C材的JIS記號沒有像SS材一樣表示出抗拉強度，是因為S-C材不同於SS材，而可以藉由熱處理來改變機械性質的緣故。

（2）強勁性

　　以強勁性來說，含碳量愈高就會變得愈強愈硬。相對於SS400含碳量0.15~0.2%，S-C材中最具代表性的S45C則有0.45%的含碳量，所以是比SS材更堅實的材料。有關降伏強度和抗拉強度的詳細內容請參閱87頁的表4.1。再者，因為含碳量決定材料強勁性，使用84頁所介紹的簡單算式就可以試算出來（淬火回火材除外）。

　　抗拉強度（N/mm²）≒（20+100×C%）×9.8

依照這個算式試算S45C的抗拉強度為：

　　S45C的抗拉強度≒（20+100×0.45）×9.8 = 637N/mm²

（3）加工性

　　為硬度適合加工的材料。又因為其材料表面和內部品質都很高，可以安心地加工。

（4）焊接性

　　含碳量0.3%以上，會有焊接後冷卻時龜裂的風險。又因焊接的熱能而產生淬火硬化的緣故，焊接點附近會變得不易加工。因此，在設計上要盡

可能避免焊接，而考慮採用L形型鋼或以螺絲固定的螺栓結構。

（5）淬火效果

　　含碳量0.3%以上的材料種類淬火效果超群。含碳量愈多則淬火硬化的硬度就愈高。雖然書上都寫說S-C材必定要做熱處理，但沒必要熱處理時直接使用生材也可以。

表4.6　機械結構用碳鋼鋼材和JIS記號

種類記號	化學成分（%）				
	C	Si	Mn	P	S
S10C	0.08～0.13	0.15～0.35	0.30～0.60	0.030以下	0.035以下
S20C	0.18～0.23	〃	〃	〃	〃
S30C	0.27～0.33	〃	0.60～0.90	〃	〃
S40C	0.37～0.43	〃	〃	〃	〃
S45C	0.42～0.48	〃	〃	〃	〃
S50C	0.47～0.53	〃	〃	〃	〃
S58C	0.55～0.61	〃	〃	〃	〃

註）從20種之中選出7種。參見JIS G 4051。

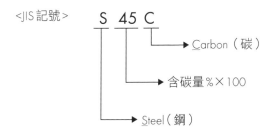

<JIS記號>　　S　45　C

Carbon（碳）

含碳量%×100

Steel（鋼）

SK材（碳工具鋼鋼材）

　　SK材同樣是將英文字母分開念。SK材的含碳量為0.6~1.5%，是鋼之中含碳量最多的材料。JIS記號是在Steel（鋼）的S後面接上「工具」的日文發音「kougu」的K，成為SK材。過去會依照含碳量從SK1~SK7以連號表示7種類；現在則是在SK之後接上含碳量乘100的數字，變成11種。比如說代表性的SK95（舊SK4），其含碳量就是0.95%。

　　SK材的最大特徵在於硬度和耐磨性。雖然隨著含碳量增加硬度也會增加，但淬火處理時，0.6%（含碳量）左右就是淬火硬化的極限；超過0.6%以上，硬度就不大會有變化，但卻會轉為增強耐磨性。另外因SK材最具代表性的用途就是製成工具，所以也被稱做碳工具鋼，但其實不一定做為工具使用，想要有硬度和耐磨性時都可以加以利用。以機械零件來說，插銷或軸的製造就使用很多SK材。然而，和SS材或S-C材比起來，其市售品的形狀變化較少，主要都是圓棒和扁鋼。

　　SK材的弱點在於只要處於高溫的環境，淬火效果就會消退，硬度降低。其使用溫度上限值在200℃。因此，適合用於不太會產生熱能的零件，或者鋸子、鎚子等以手加工的工具材。而對會產生高溫的工具，則要選擇之後將介紹的合金鋼材SKH材（高速工具鋼）。SKH材到600℃都可以使用。

其他碳鋼（SM材和SB材）

　　這邊做為參考再介紹兩種材料。一個是SM材（焊接用結構壓延鋼材），如同其名，具有適合焊接的成份比例，一樣將英文字母分開讀，相對於之前的SS材雖然焊接性佳，但因為沒有規定化學成分而無法百分之百保證焊接效果；這個SM材則因有規範化學成分，所以會被應用於重要的焊接上。SM的M為表示船舶Marine的M，是因應造船焊接需求所開發出來的材料，含碳量在0.2%以下。接下來鍋爐及壓力容器用的碳鋼則讀做SB材，JIS記號是在Steel（鋼）的S後頭接續Boiler（鍋爐）的B。以耐熱溫度來說，相對於SS材約300℃，這個SB材一直到約400℃都可以使用。

表 4.7　碳工具鋼鋼材和 JIS 記號

種類記號	舊記號（參考）	化學成分（%）					淬火回火硬度（HRC）
		C	Si	Mn	P	S	
SK140	SK1	1.30～1.50	0.10～0.35	0.10～0.50	0.030以下	0.030以下	63以上
SK120	SK2	1.15～1.25	〃	〃	〃	〃	62以上
SK105	SK3	1.00～1.10	〃	〃	〃	〃	61以上
SK95	SK4	0.90～1.00	〃	〃	〃	〃	61以上
SK85	SK5	0.80～0.90	〃	〃	〃	〃	59以上
SK75	SK6	0.70～0.80	〃	〃	〃	〃	57以上
SK65	SK7	0.60～0.70	〃	〃	〃	〃	56以上

註）省略 SK90、SK80、SK70、SK60。參見 JIS G 4401

<JIS 記號>

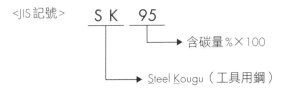

S K 95

→ 含碳量 % × 100

→ Steel Kougu（工具用鋼）

表 4.8　焊接用結構壓延鋼材、鍋爐及壓力容器用碳鋼

種類記號（舊參考）	化學成分（%）					降伏強度 N/mm²	抗拉強度 N/mm²
	C	Si	Mn	P	S		
SM400A（SM41A）	0.23以下	—	2.5×C以上	0.035以下	0.035以下	—	400～510
SB410（SB42）	0.24以下	0.15～0.4	0.90以下	0.030以下	0.030以下	225以上	410～550

註）各選一種介紹。參見 JIS G 3106 及 3103。

合金鋼

合金鋼的全貌

接下來將合金鋼以種類區分，介紹個別的特徵。除了碳鋼的5大元素外，再添加入其他金屬的鋼材就是合金鋼。合金的元素有鉻（Cr）、鎳（Ni）、鉬（Mo）、鎢（W）、鈷（Co）等。其目的是為了提升抗拉強度、耐磨性、淬火性和耐熱性等。

因為添加的元素多，合金鋼的要價不斐，又因形狀和尺寸的變化和碳鋼比起來也少很多，只有在碳鋼無法滿足設計需求時才使用。

表4.9中，整理出以用途做區分的碳鋼與合金鋼種類，包括講求堅固性的機械結構用鋼材、講求硬度和耐磨性的工具鋼用鋼材，以及特殊用途的鋼材。本章則會依照圖4.14中的合金鋼種類，由上往下依序解說。

表4.9 依用途別的碳鋼和合金鋼

用途例	碳鋼	合金鋼	選擇合金的理由
機械結構用	SS材 S-C材	SCr材、SCM材、 SNC材、SNCM材	1）提升強度（剛性和碳鋼相同） 2）提升淬火性
工具鋼用	SK材	SKS材、SKD材、 SKT材、SKH材	提升耐磨性
特殊用途	—	SUS材、超硬合金、 高張力鋼、其他	耐蝕性、高硬度、高強度等

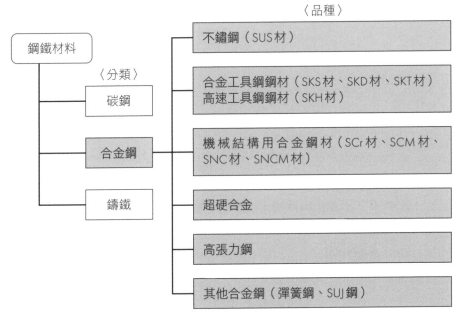

圖4.14　合金鋼的種類

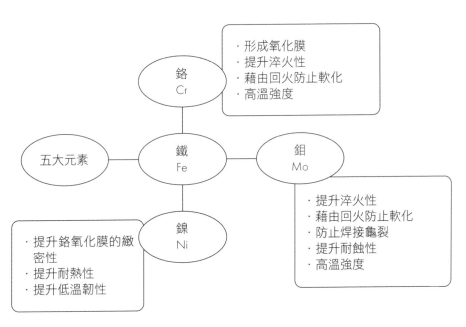

圖4.15　使用於合金鋼中的元素功能

不鏽鋼（SUS材）的概要

（1）概要

在日常生活中最常被使用的合金鋼就是不鏽鋼。不鏽鋼（Stainless）從字面上來看也就是少汙損、少鏽蝕的意思，為在五大元素上添加鉻（Cr）和鎳（Ni）的合金。JIS記號的SUS是Steel Use Stainless的簡稱。日本實務上以日文發音的「SUTEN（ステン）和「SASU（サス）」簡稱。這個材料最大的特徵就在其對生鏽的高耐蝕性。這是因為鉻（Cr）和氧結合後會產生緻密的氧化膜（鈍化膜），並完全地包覆在金屬表面所致。然而，到目前為止我們也介紹過若對碳鋼做鍍膜等表面處理也可以達到防鏽的效果。那為什麼還要使用不鏽鋼這種高價的合金鋼呢？

（2）使用不鏽鋼的理由

請想像一下我們身邊的流理台。水槽當然會被水弄濕，並被洗潔精等各式各樣的成分附著，是非常嚴峻的環境。再者，因為放置沉重的調理器具或進行各種調理工作時，不管怎樣都必定會傷到水槽表面。這時候若只是在碳鋼表面做表面處理，因為衝擊或磨損，鍍層就會剝離。一旦發生剝離，在不斷有水和氧的環境下，鏽蝕就會一口氣發生，並向著材料深處腐蝕下去。然而，若是使用不鏽鋼，如同第3章所說明，不鏽鋼具有自行修復傷痕的機能，能夠在一瞬間再生鈍化膜。因為這個修復機能不停地反覆運作，即使長期使用也可以放心。又因為鈍化膜的厚度僅為1奈米，也就是百萬分之一公厘的透明物，並不會損害母材的外觀也是一個很大的優點。只是，不鏽鋼的缺點在於對鹽份的耐受度很低，這是因為鹽份中的氯離子會破壞鈍化膜。

（3）不鏽鋼的沾染鏽

使用不鏽鋼的廚房流理台（水槽）或浴槽的說明書中必定都會載明對沾染鏽的注意事項。在不鏽鋼上放置空罐的話，這些紅鏽就會轉移到不鏽鋼上。即使一開始只是附著程度，放置不管的話良性的鈍化膜就會被破壞，惡性的紅鏽便在此時移轉過去。即使事後再做除鏽還是會有所殘留，因此不鏽鋼必須要常保乾淨地使用。

（4）有關種類

　　不鏽鋼的種類，依鉻（Cr）和鎳（Ni）的含量分成3類。依合金量由多到少順排，分成含鉻約18%和鎳約8%的「18-8系不鏽鋼」、接著是含鉻18%的「18Cr系不鏽鋼」、最後是含鉻約13%的「13Cr系不鏽鋼」。合金比例愈高就愈貴，所以大致來說便會有18-8系是高級品、18Cr系是普通品、13Cr系為低價品這樣的印象。以耐蝕性來說也是這個順序，18-8系最優。另一方面，13Cr系的強勁性最好，18-8系和18Cr系則都是柔軟的材料。

　　不鏽鋼雖然有很多種類，但18-8系的SUS304和18Cr系的SUS430這兩種就占了不鏽鋼使用的七成以上。

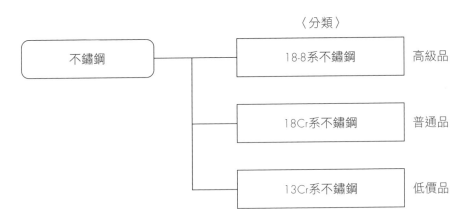

圖4.16　不鏽鋼的分類

各種不鏽鋼（SUS材）

（1）SUS304（18-8系不鏽鋼）

占了不鏽鋼一半以上的就是這個SUS304。念法是將英文字母合起來念再加上數字。活用其超群的耐蝕性，是從之前介紹的廚房流理台到機械零件都會被使用的全能種類。同時也具有耐熱性，一直到600℃都能使用。而雖然也能焊接但因為線性熱膨脹係數很大的緣故，容易產生應變和龜裂，焊接部位的耐蝕性也會降低。因為沒有磁性，磁石吸附不上也是一個特徵。惟因折彎加工等處理而發生加工硬化的話，該部位就會帶有磁性，要特別注意。

（2）SUS303（18-8系不鏽鋼）

念法同樣將英文字母合起來念再加上數字。雖然SUS304具有優異的耐蝕性，但又硬又具韌性的緣故加工性並不好。因此透過添加有害成份磷（P）和硫磺（S），以提升加工性的便是SUS303這個快削不鏽鋼。雖然其耐蝕性會下降一些，但因為加工性很好很適合做為機械零件。和SUS304一樣都沒有磁性。不適合焊接。

（3）SUS430（18Cr系不鏽鋼）

是繼SUS304之後常被使用的材料。同樣將英文字母合起來念再加上數字。比SUS304便宜，有磁性。不適合焊接。因為柔軟常被用於餐具類製品。

（4）SUS440C（13Cr系不鏽鋼）

13Cr系不鏽鋼會因為淬火變硬。特別是SUS440C的含碳量1%和SK材（碳鋼）並列，是不鏽鋼中最高的硬度。耐蝕性雖比18-8系差，但因為硬度高且耐磨耗而被使用於菜刀等的刃物製造上。淬火回火硬度約在HRC58的標準。

表4.10　不鏽鋼的特徵

分類	代表種類	化學成分（%）		磁性	耐蝕性	強勁性	價格
		Cr	Ni				
18-8系	SUS304	18%	8%	無	高	中	高
18Cr系	SUS430	18%	—	有	中	中	中
13Cr系	SUS410	13%	—	有	低	大	低

表4.11　不鏽鋼和JIS記號

分類	種類記號	耐力	抗拉強度	延展性	硬度
		N/mm²	N/mm²	%	HBW
18-8系	SUS304	205以上	520以上	40以上	187以下
18-8系	SUS303	〃	〃	〃	〃
18Cr系	SUS430	〃	450以上	22以上	183以下
13Cr系	SUS440C	225以上	540以上	18以上	235以下

註）擷選主要的種類。退火材。參見 JIS G 4303 ～ 4309。

<JIS記號>　　S U S　304

種類編號

Steel Use Stainless（不鏽鋼）

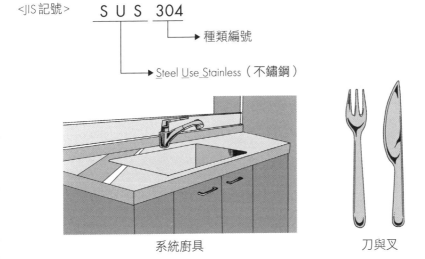

系統廚具　　　　　　　　刀與叉

圖4.17　不鏽鋼製品的例子

第4章

鋼鐵材料

107

合金工具鋼鋼材和高速工具鋼鋼材（SK*材）

　　講究硬度和耐磨性時，若以碳鋼的SK材（碳工具鋼鋼材）無法滿足要求時，就會選擇合金的工具鋼。合金工具鋼的SKS材、SKD材、SKT材，其念法皆是將英文字母分開念，是藉由在五大元素上加入鉻（Cr）、鎢（W）、釩（V）等來提升耐磨性、耐熱性與淬火性。不管哪個種類都會施行淬火回火處理。因為具有可製成工具使用的硬度，要將這個材料本身進行加工的加工性並不好。SKD材（合金工具鋼鋼材）通稱模具鋼，而SKH材雖可用英文字母讀，但也通稱為高速鋼。代表性的有SKH51（舊記號SKH9）約添加有5%的鉬（Mo）。到600℃硬度都不會降低是其特徵。

表4.12　合金工具鋼鋼材、高速工具鋼鋼材與JIS記號

種類記號	化學成分（%）					淬火回火硬度
	C	Cr	Mo	W	V	HRC
SKS3	0.90～1.00	0.50～1.00	—	0.50～1.00	—	60以上
SKD11	1.40～1.60	11.00～13.00	0.80～1.20	—	0.20～0.50	58以上
SKH51（舊SKH9）	0.80～0.88	3.80～4.50	4.70～5.20	5.90～6.70	1.70～2.10	63以上

註）擷選主要的種類。P和S的化學成分全都在0.030%以下。Si和Mn省略。參見JIS G 4403、4404。

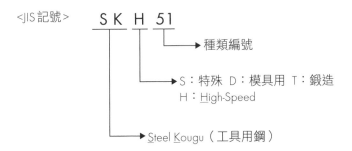

<JIS記號>　　S K H 51

種類編號

S：特殊　D：模具用　T：鍛造
H：High-Speed

Steel Kougu（工具用鋼）

機械結構用的碳鋼和合金鋼的差別

　　接著，當必須要有機械結構零件等的強勁性，但在碳鋼所學到的S-C材（機械結構用碳鋼鋼材）亦無法滿足強勁性需求時，就要考慮使用次頁將介紹的合金鋼。然而，即使使用合金鋼，其剛性，也就是受力變形量和碳鋼並不會有所不同。改變的是強度的提升，包括降伏強度（耐力）和抗拉強度。鋼鐵材料的強勁性和硬度主要是靠碳含量來決定，那為什麼和碳鋼同樣程度碳含量的合金鋼，其強勁性會較高呢？這是因為經過淬火回火處理，合金鋼能夠比碳鋼更硬更堅強更具韌性的緣故，此為合金威力的秘訣。若閱讀JIS手冊等資料時有一點要特別注意，也就是合金鋼的機械性質之所以比碳鋼更優異，是其在經過淬火回火處理之後的性質。

　　合金鋼的另一個效果是淬火性的提升。淬火性依材料大小、淬火熱能能進入的深度而又所差異。碳鋼因為材料體積一變大，熱容量也會跟著變大，使冷卻速度變慢，淬火熱能無法進入中心部位。也就是說碳鋼是淬火性不佳的材料。相對於此，合金鋼則能讓淬火熱能確實傳達至中心部位，是淬火性良好的材料。這些熱處理相關的部分會在第6章解說。

機械結構用合金鋼（SCr、SCM、SNC、SNC材）

為了引出合金鋼的優點，就要做淬火回火處理。因為其機械性質和碳鋼並無二致，如果不做熱處理而使用高價的合金鋼，就跟暴殄天物沒兩樣。

材料記號為Steel（鋼）的S後面再加上主要的合金元素符號。添加鉻（Cr）的話就稱為鉻鋼鋼材（SCr材）；鉻之外再加上鉬（Mo）的話，則稱鉻鉬鋼鋼材（SCM材），通稱CR-MO，被用於製造腳踏車車架或帶六角孔的螺栓。也有添加鎳（Ni）以提升韌性的鎳鉻鋼鋼材（SNC材），以及再進一步添加鉬以強化其韌性及抗拉強度的SNCM材。即使決定採用合金鋼，因為加鎳的SNC材和SNCM材的材料價格很貴，也要盡量考慮SCr材或SCM材。做為生產設備使用，會被用來製造必須具備高強勁性和韌性的軸和齒輪等。

表4.13　機械結構用合金鋼和JIS記號

種類記號	化學成分（%）				降伏強度	抗拉強度	硬度
	C	Ni	Cr	Mo	N/mm²	N/mm²	HBW
SCr420	0.18～0.23	0.25以下	0.90～1.20	—	—	830以上	235～321
SCM435	0.33～0.38	0.25以下	0.90～1.20	0.15～0.30	785以上	930以上	269～331
SNC415	0.12～0.18	2.00～2.50	0.20～0.50	—	—	780以上	235～341
SNCM439	0.36～0.43	1.60～2.00	0.60～1.00	0.15～0.30	885以上	980以上	293～352

註）擷選主要的種類。省略Si、Mn、P和S的化學成分。機械性質為淬火回火材的參考值。參見JIS G 4053。

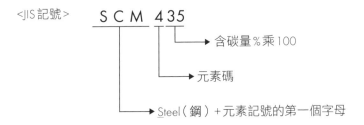

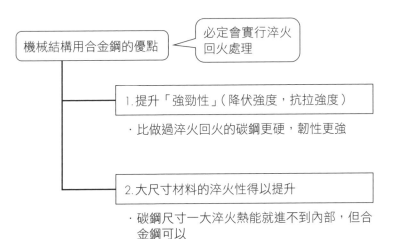

圖4.18 使用機械結構用合金鋼的理由

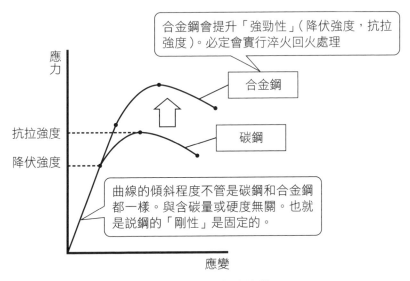

圖4.19 碳鋼和合金鋼的強勁性差異

超硬合金

　　就像名稱所表現的，是非常硬的材料，洛氏硬度 HRA 有 90 左右，換算成 HRC 則在 68 以上，是比之前介紹的高速工具鋼 SKH 材的淬火品更硬的材料。因為縱彈性係數也約是鋼鐵材料的 3 倍，變形量為鋼鐵材料的三分之一。超硬合金是將碳化鎢（WC）、鈷（Co）、碳化鈦（TiC）等的粉末放入模具燒結而成的合金。因具良好的耐磨性且高溫下也不會降低硬度，被利用於製作工具等用途。比起之前介紹以合金工具鋼和高速工具鋼製成的工具，更有能在短時間內加工的優點。另一方面，超硬合金很貴，而且韌性不到鋼鐵材料的一半，對衝擊力的耐受度很低是其弱點。

高張力鋼

　　高張力鋼（High Tensile Strength Steel），具有遠高於之前介紹的碳鋼的抗拉強度。碳鋼 SS400 的抗拉強度為 400N/mm²，高張力鋼則為 800~1000 N/mm²，達兩倍以上。高張力鋼為在高碳鋼的基礎上，再添加矽（Si）、錳（Mn）、鈦（Ti）等元素。用於汽車車體的鋼板時，因很強固又可將板厚做薄以此減輕車體重量，有大幅提升燃料使用效率的優點。進行沖壓加工時，也因為夠柔軟得以不龜裂不起皺；萬一遇到衝撞時，更具有吸收衝擊力道保護乘車人員的強勁性。像這樣，同時滿足柔軟度和強勁性兩方面需求的就是這個高張力鋼了。其他像在大樓或瓦斯槽等巨大結構物上也會使用。隨著相關研究的進行，利用其特殊的結晶構造，即使造型複雜也能富有易於加工的柔軟性，以及受衝擊瞬間提高強度的高張力鋼也正在開發。因為必須仰賴高度技術，其成分和製造方法都是商業機密。在新聞與報紙中提到的鋼鐵材料，很多都是這種高張力鋼。雖然不會用於製造生產設備或治具，但仍是讓人非常期待其後續發展的材料。

其他的合金鋼（SUP材、SUJ材）

　　彈簧會使用碳鋼的鋼琴線（SWRS材）或合金鋼的彈簧鋼材（SUP材）來製作，這些材料的彈性範圍是很大的特徵。因為SUP材的耐力在1080 N/mm² 以上，即使和SS400的降伏強度245 N/mm² 以上比起來，也有約4倍的彈性範圍。過去來說，彈簧都是設計者自己設計的，但現在因為市售品的種類很齊全，一般都是直接從中挑選。附帶一提，鋼琴線的名稱中雖有鋼琴，但被廣泛運用於鋼鎖或彈簧的製作。

　　SUJ材（高碳鉻軸成鋼鋼材）如其日文名稱，是在高碳鋼中添加鉻（Cr）的材料。也就是在碳工具鋼的SK95（舊SK4）加上1%的鉻，成為SUJ材。因為具有硬度高、耐磨性高的特性，常做為軸承（bearing）使用，也是這樣，用途就直接變成了材料名稱。一般來說軸承都是直接採購市售品，不會自己設計；而活用其高耐磨性的特性，也有用來製作軸（shaft）等用途。

鑄鐵

鑄鐵和鋼的加工方法不同

　　對目前為止介紹的鋼鐵材料和鑄鐵的最大不同之處在於材料的加工方法。將加工方法大致分類的話，有將材料以固體形態加工的方法，以及加熱熔化材料後使其流入砂模或金屬模具的方法。前者是用車床、銑床或鑽台加工的切削加工，或者用模具實施沖孔、彎曲或沖壓的沖壓加工。後者則是將金屬熔化後鑄造，或是將樹脂熔化後射出成形。溶化材料後使其流入模具內，待冷卻後就完成，既不會有切削的粉末，也不會形成浪費，為非常有效率的加工方法。身邊常見的物件像是人孔蓋或茶道器具「釜」就是以鑄造製作的鑄物。在汽車、生產設備的零件上也使用很多。因為是熔化使用，做為市售品不需要有鋼板或圓棒這些形狀變化，都是以塊狀出貨。

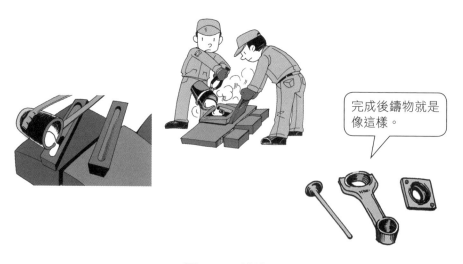

完成後鑄物就是像這樣。

圖 4.20　鑄造

抗壓強但抗拉弱的鑄鐵

　　碳鋼或合金鋼對拉力和壓縮幾乎都帶有相同強度，但鑄鐵則是抗壓強度很強，有相對於抗拉強度3~4倍的強度。因此，對受力結構零件要使用鑄鐵時，就要以壓縮的受力方向來設計。

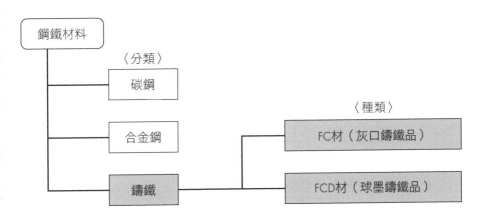

圖 4.21　鑄鐵的種類

抗壓強度為抗拉強度的2.5～3倍

表 4.14　鑄鐵品和 JIS 記號

種類	種類記號	抗拉強度	硬度
		N/mm²	HBW
灰口鑄鐵品	FC200	200以上	223以下
	FC250	250以上	241以下
球墨鑄鐵品	FCD450	450以上	143～217
	FCD600	600以上	192～269

註）參見 JIS G 5501。

115

FC材（灰口鑄鐵品）

　　做為鑄物材料的必要特性為，即使模具形狀複雜，熔化的材料也要能夠確實地流動到每一個模具角落。然後對冷卻後取出的完成品之硬度也有所要求。因此，如果含碳量多的話熔點溫度會下降，在模具中的流動會變得順暢，又因高碳含量所以硬度也會提升。JIS記號是將拉丁文的鐵 Ferrum 和表示鑄造或鑄物的 Casting 的第一個字母連起來成為 FC，再於之後加上表示抗拉強度的數字。FC250就意味其抗拉強度為 250 N/mm²，並和 SS 材一樣沒有規定化學成分，完全交由鋼鐵廠處理。做為參考值，含碳量約在 2.5~4% 之範圍內，將製鐵工程中取出的生鐵做成塊狀後就是 FC 材。其特徵為堅硬，就金屬組織來看，因為鑄鐵固有的石墨能做為潤滑劑的功能，耐磨性很好，加工性也很優異。再者，因為對震動的吸收性好，也很適合做為工具機的檯面使用。另一方面，因為含碳量高，所以很脆，也容易發生焊接龜裂，和碳鋼比起來焊接有其困難度。

　　另外，對強勁性及耐磨性有需求時，則可考慮 FCD 材（球墨鑄鐵品）。FCD 有著與 SS400 或 S45 並列的強度，在韌性或耐熱性、耐磨性、耐蝕性方面都很優異。

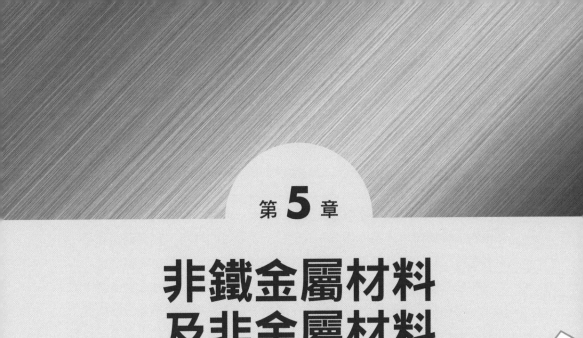

第 **5** 章

非鐵金屬材料
及非金屬材料

鋁及鋁合金

使用率僅次於鐵的鋁

鋁在歷史上出現的時間是很近期的事，一直到19世紀前半葉才開始被從礦物中提煉出來，至今僅200年左右，是很新的材料。跟青銅器那種，會有在西元前3000年的遺跡中發現的新聞比較起來，可說是天差地遠。

和從鐵礦石中分離出氧而取得鐵一樣，鋁也是從礦物的鋁土礦中取出，但因為鋁和氧的結合力道極大，必須要以大量用電的電氣分解處理。然而，因為鋁具備了鋼鐵材料所不具備的優異特徵，現在其生產量已成長到僅次於鐵。

表5.1歸納了鋁與鐵的性質，方便讀者比較兩者差異。

表5.1　鋁的性質

性質	單位	鋁（A5052）	鐵（SS400）
密度	$\times 10^3$ kg/m^3	2.70	7.87
抗拉強度	N/mm^2	260	400
硬度	HV	60左右	120左右
縱彈性係數	$\times 10^3$ N/mm^2	71	206
導電率	$\times 10^6$ S/m	37.4	9.9
線性熱膨脹係數	$\times 10^{-6}$ /℃	23.5	11.8
熱傳導率	W/（m・k）	237	80
熔點	℃	600	1530

鋁的JIS記號

　　鋁的JIS記號和鋼鐵材料的記號不同，更為清楚簡潔。以Aluminium（鋁）的A後頭再接4位數字，像是用A5052表現。4位數字則是表示不同合金元素中各種類的流水編號，像是1000系列為純鋁，2000系列以後則都是合金。2000系列是與銅（Cu）和鎂（Mn）的合金，同樣地3000系列為錳（Mn）、4000系列是矽（Si）、5000系列的是鎂（Mg）、6000系列是鎂（Mg）和矽（Si）、7000系列則是鋅（Zn）和鎂（Mg）的合金。再者關於鑄造物的部分，會在A的後頭接續表示鑄造和種類的記號，像AC2A或是ADC12。

表5.2　鋁的JIS記號

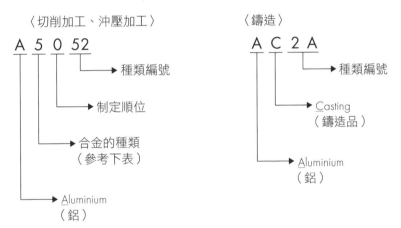

記號	合金種類	記號	合金種類
1000系列	純Al	5000系列	Al-Mg系合金
2000系列	Al-Cu-Mg系合金	6000系列	Al-Mg-Si系矽合金
3000系列	Al-Mn系合金	7000系列	Al-Zn-Mg系合金
4000系列	Al-Si系合金	8000系列	其他合金

比較鐵與鋁的特徵

（1）輕量性

不管怎麼說鋁最大的特徵就是它的輕量性。和鐵比起來密度僅為三分之一。以邊長1公分的立方體（1立方公分）大小來說，鐵約重7.9克，鋁則約為2.7克。順道一提，水為1克。鋁做為工業產品使用的時代背景就是因應對飛機的需求變大，為了實現飛機輕量化這個最主要目標，鋁的開發因而展開。現在，從人造衛星到高鐵、地下鐵都非常廣泛地被使用。

（2）強勁性

和鐵比較起來鋁雖然較弱，但7000系列的A7075則具備了超越SS400碳鋼的抗拉強度。以強勁性的順位來說，A7075 ＞ A2024 ＞ A2017 ＞ A5052 ＞ A6063 ＞ A1100，前三種都屬於杜拉鋁系（硬鋁）的產品。若從表現剛性的縱彈性係數來看，因為不管哪一種都只有鐵的三分之一，施以相同力量時，變形量都會是鐵的三倍。

（3）加工性和焊接性

因為對切削的抵抗力很小且熱傳導性也很好，所以能夠揮散切削所產生的熱能，加工性非常優秀。也能夠施以高速加工或大深度切割。然而另一方面，因為熱容易散失，焊接性和碳鋼比起來就較差。

（4）耐蝕性

和不鏽鋼一樣，在空氣中會自然地在金屬表面產生氧化膜阻隔掉氧和水分，因此耐蝕性非常好。有必要進一步提升耐蝕性時，可施以陽極表面處理來形成人造的氧化膜。

（5）導電率

表現電流容易通過程度的導電率高，僅次於銀、銅、金。

（6）線性熱膨脹係數和熱傳導率

因為鋁的線性熱膨脹率為鐵的2倍，因此受力的伸展量也會是鐵的兩倍。這樣一來，就必須注意溫度變化的影響。特別是對尺寸精度有高度要求時。事前能夠以第3章所介紹的計算方式先確認伸展量就非常重要。再者，它有著僅次於銀和銅的高熱傳導率。對散熱用的冷卻鰭片來說，因為銀和銅的材料價格很高，鋁就很常被使用。

（7）耐熱溫度

對金屬熔化溫度來說，相對於純鐵約在1500℃、高含碳的鑄鐵約在1200℃，鋁則是約660℃。此外，鋁的強勁性在超過200℃時會急遽下降，所以要將使用溫度上限設定在200℃。

（8）光澤和無磁性

因為反射光的能力很好，外觀很漂亮。不帶磁性也是其重大特徵。

杜拉鋁提箱

鋁架自行車

鋁罐

1日圓硬幣

圖5.1　身邊的鋁製品範例

各種類特徵

（1）1000系列（純鋁）

因為純度高所以導電率和導熱性很好，但強度差所以不能使用於結構零組件。又因外觀漂亮所以也會用於產品或生產設備的外殼。板材的材料記號則是將Plate（板）的P加在最後，一般以A1100P這樣表示。

（2）2000系列（Al-Cu-Mg系）

被使用在杜拉鋁提箱的杜拉鋁是2000系列的A2017，而強勁性獲得更進一步提升的杜拉鋁則是使用A2024。加工性雖好，但很難焊接。接合通常都是採用螺絲或鉚接。對海水的抗蝕性也很差。

（3）5000系列（Al-Mg系）

鋁合金中被用得最多的就是A5052。在結構零組件上使用很多。是加工性和耐蝕性都很好的萬能材料。也能夠做焊接。

（4）6000系列（Al-Mg-Si系）

6000系列的代表種類A6063也是在加工性、耐蝕性上都很好的材料，可做焊接。因為押出成型的加工性很好，故板狀、棒狀、L形等形狀的變化也很豐富。建築用的鋁窗框也會使用。

（5）7000系列（Al-Zn-Mg系）

代表種類為A7075。強度在鋁裡頭是最強的，重量只有鋼鐵材料的三分之一，但強度卻超過了SS400，故也被稱為「超超杜拉鋁」。材料價格雖高，卻是在有高強度、高精度加工需求時，深具魅力的材料。惟其表現剛性的縱彈性係數和其他鋁材都一樣。跟過往比較起來，現在也變得較易於市場上取得。

（6）鑄鋁

代表性的種類就是AC2A、及以高精度在短時間內生產出的壓鑄用ADC12。這種壓鑄用的材料記號就是以Aluminium（鋁）的A加上Die Casting（壓鑄）的DC，變成ADC。壓鑄為使用金屬模具的鑄造方法，不需要像砂模鑄造那樣每次都要破壞模具，生產性優良。

汽車引擎和很多零件都是用這種鋁合金鑄造品。在加工現場有壓倒性出色的生產性，製品的輕量化也對車子的燃料使用效率和加速性能有著很大的貢獻。

表5.3　鋁及合金的特質

分類	種類記號	耐力 N/mm^2	抗拉強度 N/mm^2	硬度 HBW
純Al	A1100	35	90	23
Al-Cu 系列	A2017（杜拉鋁）	275	425	105
Al-Cu 系列	A2024（超杜拉鋁）	325	470	120
Al-Mg 系列	A5052	215	260	68
Al-Mg-Si 系列	A6063	145	185	60
Al-Zn-Mg 系列	A7075（超超杜拉鋁）	505	570	150
鑄造品	AC2A	—	180以上	75
壓鑄品	ADC12	150	310	86

註）主要種類的參考值。參見JIS H 4000。

銅和銅合金

銅的歷史比鐵還久

　　人類最先取得的金屬就是銅。鐵會因生鏽而腐蝕，所以隨著時代變遷只有少數被留傳下來，但銅因為耐蝕性優良的緣故，現今很多青銅器時代的裝飾品和武器都被保留了下來。這些銅都是從天然的銅礦石中熔煉出來。相對於鐵的熔點為1500℃，銅的熔點1000℃則低了許多，這就是為什麼銅會比鐵更早被人類取得的原因。日本約在2000年前就將銅使用在農耕器具、武器、貨幣和銅鐸（一種日本禮器）上。奈良的大佛則是世界最大的鍍金銅像，耗時13年才鑄造完成。在現代，則活用其優異的導電率和熱傳導性，被應用於資訊通信和精密機器等先進產業上。

表5.4　銅的性質

性質	單位	銅（黃銅）	鐵（SS400）
密度	$\times 10^3$ kg/m^3	8.92	7.87
抗拉強度	N/mm^2	355	400
硬度	HV	85以上	120左右
縱彈性係數	$\times 10^3$ N/mm^2	103	206
導電率	$\times 10^6$ S/m	59	9.9
線性熱膨脹係數	$\times 10^{-6}$ /℃	18.3	11.8
熱傳導率	W/(m・k)	398	80
熔點	℃	1083	1530

銅的 JIS 記號

以 Copper（銅）的 C 之後接 4 位數字。比如說以 C1100 表示。依合金的種類從 1000 系列到 7000 系列都有，但和日文名稱並沒有整合。比如說黃銅就有分別被分類到 2000 系列和 3000 系列兩邊的情況，在本書就以日文命名優先記述。

表 5.5　銅的 JIS 記號

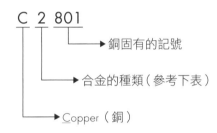

記號	合金的種類	記號	合金的種類
1000 系列	Cu、高 Cu 系合金	5000 系列	Cu-Sn 系合金，Cu-Sn-Pb 系合金
2000 系列	Cu-Zn 系合金	6000 系列	Cu-Al 系合金，Cu-Si 系合金
3000 系列	Cu-Zn-Pb 系合金	7000 系列	Cu-Ni 系合金，Cu-Ni-Zn 系合金
4000 系列	Cu-Zn-Sn 系合金		

將銅的特徵和鐵做比較

銅最大的特徵就是它的導電率和熱傳導率都極為優異。但因為很貴，並不會使用於結構零組件上。也就是說，銅被活用的是它的物理和化學性質，而非機械性質。

（1）導電率

銅最大的特徵就是高導電率。因為僅次於銀，會做為銅線被使用於電力配線上。

（2）熱傳導率

熱傳導性比鋼鐵材料或鋁更好。銅鍋就是活用這個特性，因為很容易導熱，可減少鍋底和鍋側的溫差，使食材均等受熱就是其最大特徵。

（3）加工性

從很久以前就被使用的原因之一便是其容易加工的特性。適合切削加工及壓延加工。黃銅為加工性優良的種類；與之相對，磷青銅、白銅、以及鈹銅則為切削性差的種類。銅也是易於鍍層與軟銲處理的金屬。

（4）耐熱溫度

因為超過200℃就會軟化，一般都在200℃以下使用。惟鈹銅是個例外，其耐熱性佳，到600℃還不會軟化。因為沒有低溫時的劣化問題，可順利使用。

（5）耐蝕性

耐蝕性很好，對其他金屬難以應付的海水也具有良好的耐蝕性。只是必須注意不要接觸到硝酸、鹽酸、或硫酸。

（6）光澤

是黃金以外唯一具有金色光澤的金屬。因為加工性好又具有光澤，常被用來製作工藝品。

(7) 非磁性

活用其無磁性，多用於嚴禁磁氣的電機器具之測定器或化工產業的防爆工具。

10日圓硬幣　　　　　　　　銅鍋

銅線　　　　　　　　　　配管接頭

圖5.2　身邊的銅製品範例

之前介紹的奈良大佛，其巨大又有著壓倒性的存在感，是耗費難以想像的技術、勞力及時間所完成的。大佛分割成8份，將500噸的銅由下依序流入鑄模，再將分割面完好連結。鑄造完成後，將金熔於水銀中以方便塗布，塗布後再藉由加熱讓水銀蒸發來完成鍍金處理。即使是完成後超過1200年的今日，也仍保持和當時一樣的狀態，正是仰賴青銅的耐蝕性和鍍金的關係。

各種類的特徵

以生產量比例來看，純銅占了50%，黃銅（日文又稱真鍮）約40%，兩者合計約占90%。

（1）純銅

純度99.99%以上，依含氧量又可分為3類，由多到少依序為TPC銅（C1100），磷脫氧銅（C1201、C1220）、無氧銅（C1020）。無氧銅內含極少氧元素，是將不純物都除去的高純度銅。活用這些純銅的高導電性和熱傳導率，會做為銅線和電子機材來使用。

（2）黃銅

黃銅是銅（Cu）和鋅（Zn）的合金，日文又稱做「真鍮」。合金的比率為銅（Cu）70%、鋅（Zn）30%的70/30黃銅（C2600）；銅65%和鋅35%的65/35黃銅（C2680），以及銅60%和鋅40%的60/40黃銅（C2801）。隨著降低銅的比率雖然抗拉強度和硬度會增加，但因為當銅含量未滿60%時會引出脆性，所以在商品型錄上的銅合金都會有60%以上的銅含量。60%以下的就會是銅鑄物的材料。

70/30黃銅和65/35黃銅因為延展量大，冷間加工性很好，也會用在深沖壓加工。60/40黃銅則有延展量小，但抗拉強度很高的特徵；又因為鋅含量高價格也相對便宜。再者，提高了60/40黃銅加工性的則為3000系列的快削黃銅（C3601）。

（3）磷青銅

為在銅（Cu）裡加入錫（Sn）的合金。活用其高彈性，常被用於製作測定器開關的接點材料。C5210也做為導電性良好的彈簧（簧片）來使用。

（4）鈹銅

在銅（Cu）裡加入鈹（Be）和鈷（Co）的特殊合金（C1720）。為抗拉強度超越碳鋼的高強度材料。因為價格高昂且加工不易的緣故，在用途上多有限制，但能夠在接近600℃的高溫使用。除了特殊彈簧，因其不產生火花的性質，也常應用在防爆工具上。

表5.6　銅及合金的特質

分類	種類記號	抗拉強度	硬度
		N/mm^2	HV
TPC銅	C1100	245 以上	75 以上
70/30銅	C2600	355 以上	85 以上
65/35銅	C2680	355 以上	85 以上
60/40銅	C2801	410 以上	105 以上
快削黃銅	C3601	345 以上	95 以上
磷青銅	C5210	470 以上	140 以上
鈹銅	C1720	1240 以上	180 以上

註）主要種類的參考值。調質均為1/2H。參見JIS H 3000。

表5.7　銅製的日圓硬幣

硬幣	材質	化學成分
500元硬幣	鎳黃銅	銅72%、鋅20%、鎳8%
100元硬幣	白銅	銅75%、鎳25%
50元硬幣	白銅	銅75%、鎳25%
10元硬幣	青銅	銅95%、鋅4～3%、錫1～2%
5元硬幣	黃銅	銅60～70%、鋅40～30%
1元硬幣	鋁	鋁100%

註）1元以外全部都是銅合金

* 編按：1元台幣材質：「銅92%、鎳6%、鋁2%」；
　　　　5元台幣材質：「銅75%、鎳25%」；
　　　　10元台幣材質：「銅75%、鎳25%」；
　　　　50元台幣材質：「銅92%、鎳2%、鋁6%」。

其他非鐵金屬材料

鈦和鈦合金

做為產品的零件或生產設備的材料，我們已經網羅了目前為止所介紹的鋼鐵材、鋁與銅。然而另一方面，藉由技術的發達，高價的鈦和鎂也逐漸被使用在日常生活的物品上，所以這邊也做個介紹以供參考。

雖然目前為止說到鈦，都會認為它是用在噴射機引擎或化學裝置零組件等處的特殊金屬。但最近也開始會用在眼鏡鏡框上了。鈦的重量只有鐵的一半，但強勁性卻與鐵相同，也不會引發過敏反應之類對人體的影響；且擁有連海水都無法使其生鏽的耐蝕性，可說是集「輕、強、不生鏽」為一身的金屬。至今為止，因其加工困難而在應用上出現瓶頸。較差的熱傳導率，使加工產生的熱能無法逸散，造成切削工具嚴重耗損；不過其對策正在發展，鈦的應用也逐漸於日常生活的各項製品中擴散。

鎂和鎂合金

鎂是金屬中密度最小且輕的材料。相對於鐵的比重7.9、鋁的2.7來說，鎂則是1.7，僅不到鐵的1/4。因為在相對輕量的金屬中強勁性最高，日常生活中常被用於製造筆電或高級相機的內殼。而因其加工性不佳，適合在熔融金屬的狀態下施加壓力，使其流入金屬模具塑型的壓鑄鑄造。鎂有像這樣做為材料的應用，也有在鋁合金篇章所介紹的那樣，做為2000系列、5000系列、6000系列、7000系列的添加元素活用。

表5.8　鈦及鎂的性質

性質	單位	鈦 （Ti）	鎂 （Mg）	鐵 （SS400）
密度	$\times 10^3$ kg/m^3	4.51	1.74	7.87
抗拉強度	N/mm^2	400以上	200以上	400
硬度	HV	200左右	40以上	120左右
縱彈性係數	$\times 10^3$ N/mm^2	96.1	44.3	206
導電率	$\times 10^6$ S/m	1.8	23.8	9.9
線性熱膨脹係數	$\times 10^{-6}$ /℃	8.9	26	11.8
熱傳導率	W/(m・k)	17.1	80以上	80
熔點	℃	1668	650	1530

鈦鏡框

鈦杯

相機的鎂製殼體

電腦的鎂製殼體

圖5.3　日常生活中的鈦和鎂金屬製品範例

塑膠

塑膠概要

　　接下來讓我們來看看金屬以外的材料吧。首先就是塑膠。從1950年代開始塑膠就跟著產業的發展一起大幅成長，身邊也有許多的塑膠被使用著。年產量約1000萬噸，和鋼鐵材料的1億噸比較起來雖然只有一成，但因為塑膠很輕換算成體積的話也是有可與鋼鐵材料匹敵的巨大使用量。和金屬有著相對性的性質：

1）質輕（約為鐵的1/5～1/8）。
2）難以導熱或導電。
3）可維持透明狀也可上色。
4）低溫就可軟化的緣故，易於塑型。
5）強勁性和硬度都不好。

塑膠的分類

　　為了將大量種類分類，以「依加熱時的性質分類」和「依特性分類」就很方便。前者依加熱時的性質分類指的就是，藉由加熱會軟化的「熱塑性塑料」，以及反過來加熱就會硬化的「熱固性塑料」。90%的生產量都是熱塑性塑料，剩下的10%則為熱固性塑料。

　　另一個依特性的分類則為，有因便宜而大量生產並使用於生活用品的「通用塑膠」，以及提高強度及耐熱性的「工程塑膠」。

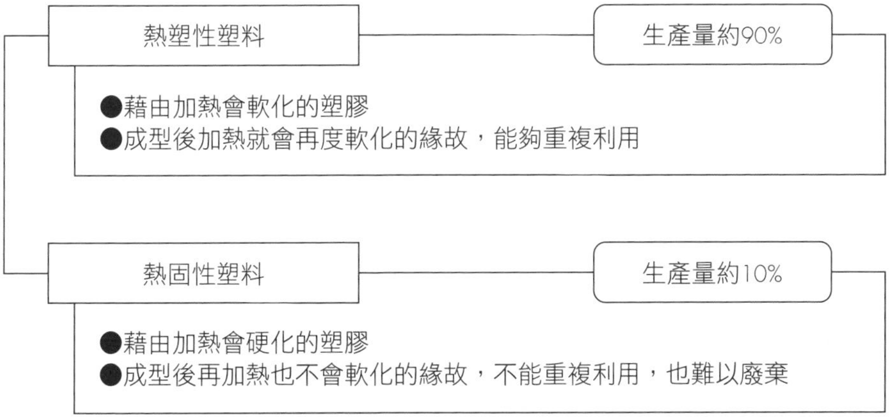

圖5.4　依加熱性質所做的分類

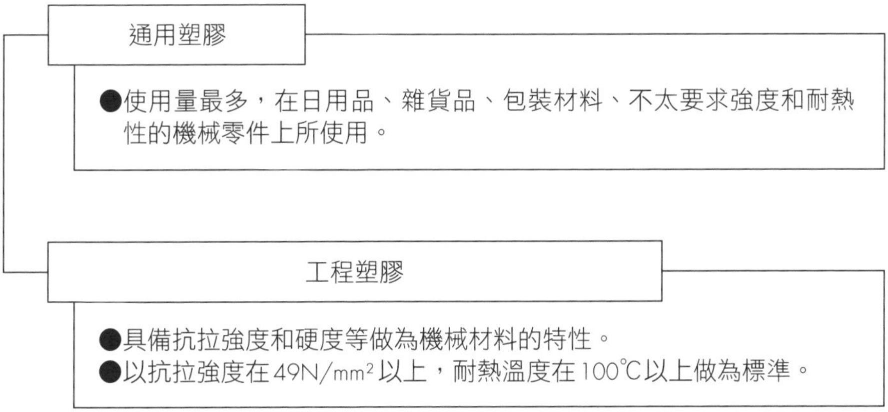

圖5.5　依特性所做的分類

塑膠的全體樣貌

將通用塑膠和工程塑膠的全體樣貌以圖5.6表示。

通用塑膠	聚乙烯（PE）
	聚丙烯（PP）
	聚苯乙烯（PS）
	壓克力樹脂
	聚氯乙烯（PVC）
	酚醛樹脂（PF）*
	聚對苯二甲酸乙二酯（PET）

寶特瓶（PET）

工程塑膠	聚碳酸脂（PC）
	聚醯胺（PA）
	聚甲醛（POM）
	聚醯亞胺（PI）*

太陽眼鏡的鏡片
（聚碳酸脂）

註）＊為熱固性塑料。其他為熱塑性塑料。PI則兩類都有。

圖5.6 塑膠的種類

通用塑膠（壓克力樹脂和聚氯乙烯）

塑膠雖有很多種類，但生產量前3位的聚乙烯（PE）、聚丙烯（PP）、和聚氯乙烯（PVC）就占了總產量的約70%。塑膠的材料名稱和製品名稱上所加的Poly字根，指得就是高分子化合物的意思。聚乙烯或聚丙烯用在購物袋、塑膠罐或塑膠桶等處，聚氯乙烯則被用於水管或建築材料、筆記本外皮等處。室內的壁紙有90%都是用聚氯乙烯做的。接下來我們將介紹會用於生產設備材料的壓克力樹脂及聚氯乙烯。

（1）壓克力樹脂

　　正式名稱是聚甲基丙烯酸甲酯，通稱壓克力。壓克力樹脂的特徵在於其透明性。也被用於水族館的大水槽，以及生產設備的保護外殼。又因為易於上色，備有各式各樣的顏色。例如說藉由茶色的半透明外殼，就可以營造出產品的高級感。又或者想對工廠參觀者保持設備的機密性時，藉由半透明有色外殼也就有不容易被看穿的優點。因為耐熱溫度不高，僅有70~90℃的緣故，必須要留意使用。

（2）聚氯乙烯（通稱PVC）

　　聚氯乙烯和壓克力一樣常被用於製造外殼。過去一段時間，聚氯乙烯被指出在廢棄焚化時會伴隨產生戴奧辛的風險。然而，當知道戴奧辛的產生與焚化條件密切相關後，現在藉由依循國家訂定的焚化條件，戴奧辛的危害情況有在改善。和先前介紹的壓克力比起來，聚氯乙烯有便宜且耐衝擊的特徵。比如說壓克力外殼，就是一種在作業時只要像掉落這樣小小的衝擊都會使其龜裂的材料，而聚氯乙烯因為有韌性，並不會這麼輕易就產生裂痕。耐熱溫度在60~80℃間。

（3）壓克力樹脂和聚氯乙烯的加工性

　　兩者的加工性都很好。只是會因接合材料而在接合處不耐衝擊；又因為使用接著劑會使外觀不那麼好看的緣故，會盡可能以平板或加熱彎曲加工來應對處理。

工程塑膠（聚碳酸酯）

　　相對於之前的通用塑膠，是用在日用雜貨等不太需要考慮強度和耐熱性的地方；而在某種程度上，對強度和耐熱性有所要求的時候，就會採用工程塑膠。工程塑膠是以抗拉強度在49N/mm²以上，耐熱溫度在100℃以上做為標準。雖然這個工程塑膠也有很多種類，在這邊就介紹當中最常被採用的聚碳酸酯。聚碳酸酯簡稱為PC。透明度雖較壓克力差，但若只是以目視標準來看並不容易分出差異。是既透明又具強度、耐衝擊的材料。藉由消除材料內部應力的退火處理，可以1/100mm等級的高精度來做加工。

安全帽

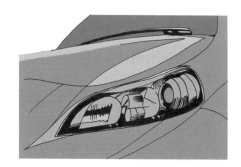
汽車頭燈

圖5.7　聚碳酸酯的製品例

然而，因為塑膠受熱時的膨脹程度很大，必須要特別注意。即使是以高精度加工，溫度若不一致，尺寸就會有所變化。因為聚碳酸酯的線性熱膨脹係數是 70×10^{-6}，和鋼鐵材的 11.8×10^{-6} 及鋁的 23.6×10^{-6} 比起來，不難知道其受熱影響的程度亦為鋼鐵材與鋁的數倍。使用溫度在 -100°C ～ 120°C 區間，在日常生活中被用於車頭燈和太陽眼鏡的鏡片等處。

熱固性塑料（酚醛樹脂/Bakelite/電木）

　　正式稱為酚醛樹脂，但實務上則略稱為 Bakelite/電木。Bakelite 雖是註冊商標，但普及程度高，已經成為酚醛樹脂的代名詞。這個材料的主要特徵為具強度、好加工而且便宜。材料的顏色是咖啡色。因為重量只有鋁的一半，常用來製作在作業現場的治具材料與搬送棧板。

表5.9　塑膠的性質

名稱	略稱	種類記號	各性質（參考值）			
			密度	抗拉強度	線性熱膨脹係數	常用耐熱溫度
			g/cm³	N/mm²	×10⁻⁶/°C	°C
聚乙烯	—	PE	0.92	8 ～ 31	100 ～ 220	70 ～ 90
聚丙烯	—	PP	0.91	32	110	100 ～ 140
聚甲基丙烯酸甲酯	壓克力	PMMA	1.19	75	70	80
聚氯乙烯	—	PVC	1.47	55	70	60 ～ 80
聚碳酸酯	—	PC	1.2	62	70	125
酚醛樹脂	電木	PF	1.4	80	40	150 ～ 180

註）主要種類的參考值。PE 為低密度聚乙烯型的資料。

陶瓷

陶瓷為燒製品

陶瓷，指得就是我們身邊的茶碗、玻璃製品或紅磚等燒製品。為捏製黏土到窯中燒製硬化的非金屬材料。因為是燒製品，而有以下特質：

1）硬
2）不燃材
3）不生鏽

因為不會劣化，即使是一萬年以上繩紋時期的土器也能和當時一樣原原本本地被挖掘出來。反過來說，陶瓷器脆且易碎則為其弱點。

陶瓷的分類

這些陶瓷器的原料就是使用當地的土或黏土，再用火或窯來燒製。因為原料的成份和加熱的方法或多或少有所差異，所以難以造出兩件完全相同的東西；但反過來說，正是這些些許的差異造就製品的魅力。

另一方面，為了將其硬、不燃燒、不生鏽的特徵應用於工業製品，嚴格控制原料和燒製條件的陶瓷品便應運而生。為了做出區隔，將一般陶瓷器稱為「舊陶瓷」，工業產品取向的嚴格管制品則稱為「新陶瓷」或「精密陶瓷」。

精密陶瓷

精密陶瓷被用於各式各樣的工業產品中，像是用於高達2000℃的高爐內壁的耐熱磚便是活用其耐熱性和硬度（機械機能）；又或者是活用其能夠儲電的特性（電氣機能），利用其磁性的磁性機能，以及利用其透明性的光學機能等等，被生產為許多產品。因為以化學性質來說非常安定，在醫療領域也被用來製造人造骨骼或人工關節。

舊陶瓷

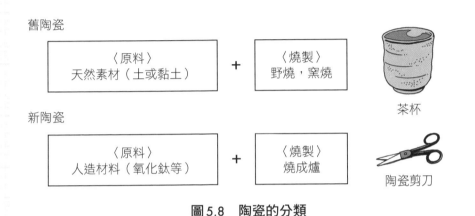

新陶瓷

茶杯

陶瓷剪刀

圖5.8　陶瓷的分類

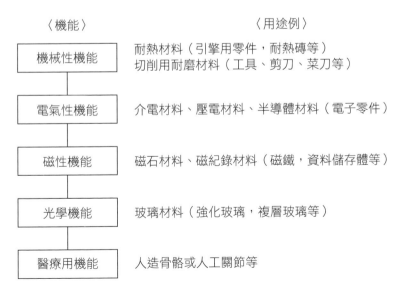

圖5.9　新陶瓷的機能

充電站

從切削性和焊接性來看材料特徵

◎切削性（易切削度）好也就是：

> 1）好切削　　2）可以快速切削　　3）加工面漂亮
> 4）切削屑能夠輕鬆處理　　5）工具壽命長

【碳鋼】含碳量在0.6%以下切削性很好，特別是0.4%左右最佳。超過0.6%會變硬的緣故，切削性就會變差。

【鑄鐵】硬但脆所以切削性好。切削屑很小、容易分開所以能夠輕易處理。

【不鏽鋼】硬且韌性高，且因熱傳導性差，切削位置溫度易上升，切削性相當差。加工面的處理修飾也不理想，工具壽命短。改善這些缺點的是SUS303。

【鋁合金】對切削的抵抗程度少所以加工性好。因導熱性佳，切削量和速度都很不錯，能夠減少加工時間。

◎焊接性好也就是：

> 1）能採用通用的焊接方法　　2）不熟練也能操作
> 3）能得到可信賴的強度　　4）外觀漂亮

【碳鋼】含碳量愈低愈容易焊接。超過0.3%時焊接的熱能容易引發淬裂。

【鑄鐵】含碳量多且脆的緣故，易發生淬裂所以焊接困難。

【不鏽鋼】線性熱膨脹係數很大的緣故，易發生應變或龜裂。再者焊接位置的耐蝕性不好要特別注意。SUS304以外不適合焊接。

【鋁合金】必須要除去氧化膜。且因導熱性很好，焊接熱能容易散逸，焊接性比碳鋼差。

第 **6** 章

熱處理

為什麼要做熱處理？

熱處理的目的和全貌

熱處理，就是藉由改變金屬組織來改變材料的性質。那麼，是想要改變成怎樣的性質呢？在表6.1中，歸納出了四種期望達到的目的，及跟這些目的對應的熱處理種類。

第一，當想要零件整體變硬時，就以淬火和回火處理；只有表面需要硬化的話，則施以高週波淬火或滲碳處理。

第二則是為了因應「加工硬化」的現象。加工硬化指的是因塑型（參考第二章）而發生變形的位置會有硬度增加的現象。反覆彎折迴紋針同一位置的話，彎曲點會斷裂，就是因加工硬化變硬變脆的緣故。冷間加工的鋼鐵材料也會發生這種加工硬化的現象，進而使得加工性惡化。因此要藉由完全退火使材料軟化，改善加工性。

第三點中的「材料內部應力」則是因製鋼或其後的加工，會在材料內部產生看不見的應力。這個應力會因壓延加工或切削加工這種直接施加外力的處理、或焊接等的熱能而產生。因為是殘留於材料內部的力，所以也稱為內部應力或殘留應力。這個應力如果就這樣被封閉在材料內部，加工後就會因能量被釋放而導致材料變形。因此，要將內部應力去除掉，就要施以去應力退火。

第四點的正火，不是像淬火回火或退火這樣強制性的硬化或軟化處理；而是不使材料變硬或變軟、使材料回到自然狀態的加工處理。

表 6.1 與期望對應的熱處理種類

NO	期望	目的	對應的熱處理種類	
1	希望又硬又具有韌性	提升零組件整體	淬火和回火	
		只提升表面	高週波淬火、滲碳處理	
2	希望軟化	為使因加工硬化的材料容易加工	完全退火	退火
3	希望去除材料內部的應力	為了抑制加工時所發生的變形	去應力退火	
4	希望矯正因加工而產生混亂的金屬組織	為使組織回復到標準狀態	正火	

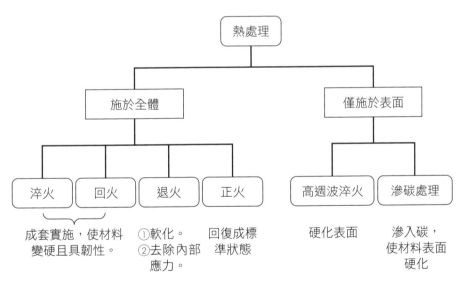

圖 6.1 熱處理的全貌

加熱和冷卻的4個要素

　　加熱和冷卻的條件是所有熱處理的重點。藉由改變加熱和冷卻的條件，就可將金屬組織變成符合目的的狀態。雖說如此，工程本身其實很單純，即是以加熱溫度、加熱速度、保持時間、冷卻速度這四項來決定。這跟料理相同。像是以強火在短時間內沸騰；沸騰後再煮30分鐘；或是關火後放著讓食材慢慢在鍋內冷卻的這種印象。

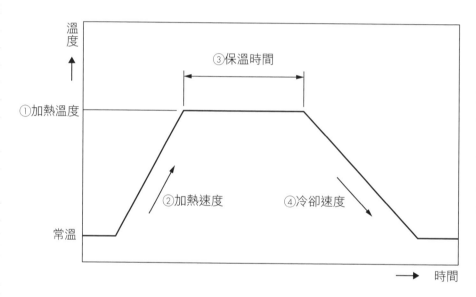

圖6.2　加熱和冷卻的4個要素

各個熱處理的溫度控制

在加熱和冷卻的溫度控制上，最重要的就是冷卻速度。藉由控制冷卻速度，可以改變在常溫狀態下的金屬組織。改變冷卻速度的方法有下列3種：

> 1）想要急速冷卻，則採直接浸水或浸油的「水冷或油冷」方式
> 2）想要稍稍放緩冷卻速度，則是藉由在大氣中自然散熱冷卻的「空冷」
> 3）想要花時間慢慢冷卻，則是透過將材料置於切斷熱源的鍋爐中，使其冷卻的「爐冷」

以冷卻速度來說，淬火需要急速冷卻、回火要採急速冷卻或空冷、正火採空冷、而退火則要採爐冷。以加熱速度來說，不管哪一種熱處理方式，基本上都是要慢慢地加熱。若是急速加熱則為只硬化表面的高週波淬火。

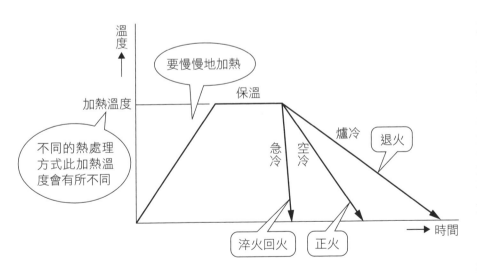

圖6.3　冷卻的差異

淬火回火

提升「硬度」和「韌性」

　　那麼，接下來就依序介紹關於熱處理的各個種類。對材料使用者來說，最常使用的就是對鋼鐵材料的「淬火和回火」。雖然在作業上是將「淬火」和「回火」分開處理，但因為必定都是兩者成套實施，所以就以「淬火和回火」一起解說。「淬火」是將材料硬化的作業；然而另一方面，變硬的話也代表會變脆而不耐用，所以必須藉由「回火」來增加韌性。也就是說，淬火和回火是要追求兼具硬度與韌性的材料性質。讀者必定都有在電視等媒體上看過將刀具燒紅鍛打後，嘶地一聲用水冷卻的畫面，這個就是淬火，其冷卻方式必須是一口氣冷下來的急冷。在圖6.6中顯示了冷卻速度和硬度的關係。慢慢冷卻的話，就會如同圖左半邊那樣不會變硬。再者，一般來說，雖是生材加工後再做淬火回火，但在材料階段就經過淬火回火的材料，則會以調質鋼或調質材的名稱在市場上販賣。

用火燒熱

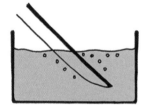
用水急速冷卻

圖6.4　淬火作業

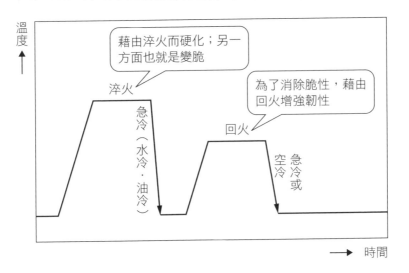

圖6.5　淬火回火的溫度控制

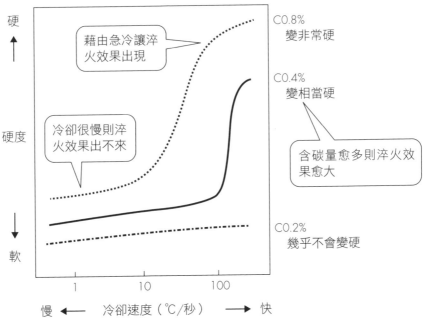

引用:《はるか昔の鉄を追って》鈴木瑞穗著,電氣書院出版由筆者修訂

圖6.6　淬火的冷卻速度和硬度

含碳量0.3%以上才有淬火效果

含碳愈多，就愈容易達到淬火效果使材料變硬。做為標準，含碳量0.3%以上的鋼才會出現淬火效果。若是含碳量接近0.6%，雖然淬火的硬化效果已到達極限，但耐磨性仍會持續提升。就碳鋼來說，以0.6%做為種類設定便是這個原因。含碳量0.6%以下為S-C材（機械構造用碳鋼鋼材），而含碳量0.6%以上則是硬度和耐磨性都向上提升的SK材（碳工具鋼鋼材）。

理想的工具必須是好切削又能長久使用。不管是切削能力多強，假如因為磨耗一下子就得更換的話，工具費用將劇增，加工效率也會降低。因此能同時兼備硬度和耐磨性的SK材就是很合適的材料。

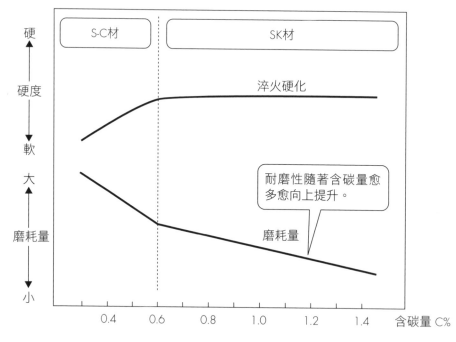

圖6.7　含碳量與硬度、耐磨性之關係

148

藉由回火來調整「硬度」和「韌性」

　　藉由淬火雖可提升硬度，但另一方面就是材料會變脆。因此，要靠回火使材料帶有韌性。像圖6.8那樣，想要同時具備硬度和耐磨性時，會施以將溫度控制在400℃左右的「低溫回火」，並以空冷冷卻；想要有韌性時則會施以溫度在600℃左右的「高溫回火」，並急速冷卻。以含碳量0.3%來說，高溫回火後的硬度標準為HRC45；含碳量0.45%為HRC50；0.5%的則是HRC55。「回火」雖會使硬度稍微降低，但未做淬火回火的生材HRC都在20以下，因此藉由淬火回火而提升的硬度效果仍非常顯著。

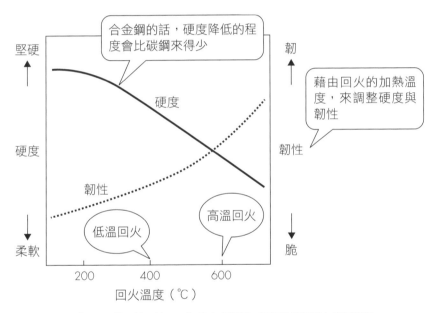

引用：《はるか昔の鉄を追って》鈴木瑞穂著，電氣書院出版由筆者修訂

圖6.8　回火溫度的調整

施做淬火的判斷

　　想做出堅固、耐用的設計時，方法有1）選擇又強又硬的材料；2）以淬火來增加強勁性；3）以形狀或尺寸對應等三個方法。一般會使用碳鋼，以3）的方法將尺寸設計大些，因為這是最便宜而簡單的方法。然而，當有一些限制而不能以3）的方法將尺寸加大時，則會藉著使用碳鋼或高價的合金鋼並以2）實施淬火的方式對應。有關3）這種以形狀尺寸來對應的部分，會於第7章做詳細介紹。

選擇合金鋼時的兩個理由

　　對不選碳鋼而選擇合金鋼的情況，有兩種理由，且不管哪一種都關係到淬火回火。第一個，就是「提升強度」。因為鋼鐵材料的強勁性和硬度是依含碳量來決定，同樣含碳量的碳鋼和合金鋼，若只是生材狀態，其硬度和強勁性幾乎一樣。然而，若實施了淬火，合金鋼就能夠變得更硬且堅韌。對照之前的圖6.8，因為合金鋼即使回火溫度很高，硬度減低的程度也不多，若要得到相同的硬度，合金鋼可以用更高的溫度做回火，同時在韌性上也能有更大的提升。

　　另一個選擇合金鋼的理由是，當要做淬火處理的零件尺寸很大的時候，也就是為了要「提升大尺寸零件的淬火性」。零件如果很大的話則內部的冷卻速度會變慢，因此材料不易施作淬火。碳鋼雖可對小物件淬火，但尺寸變得愈大淬火效果就愈差，是淬火性不佳的材料。但另一方面，合金鋼從小東西到大物件淬火效果都很顯著，是淬火性優良的材料。如果要使用碳鋼，為了確保材料內部也接收到淬火處理，其標準為材料的直徑要在20mm以下，板材的話則是厚度在14mm以下。若是在這標準以上的大小就會使用淬火性良好的合金鋼。

淬火時的淬裂和應變的對策

　　淬火能夠造就優良材料性質的原因，同時卻也是其產生淬裂（龜裂）和應變的原因。同樣都是因冷卻時的溫度差而生，所以要尋求能夠安定冷卻的形狀。理想來說，最好是全體條件均一的球體，其次則是圓棒狀。另一方面，如果板材上有切口或高低差的形狀，就會容易發生冷卻速度的差異，而造成淬裂和應變。因此在設計上就要意識到這個狀況，並儘可能維持一定厚度，或避免銳角並在角隅處設置3~5mm的R角。即便如此，零件在機能上難免會需要各式各樣的形狀，當要對複雜的形狀做淬火處理時，請和熱處理廠商多做討論。因為施做熱處理的技術人員一看圖面就能了解會有風險的地方，把這個資訊活用在設計上是非常重要的。

　　對要求精度的零件來說，為了修正因熱應變而產生的尺寸變化，淬火後要再做切削加工來修飾。雖說是依據零件形狀和大小而定，但還是會先留個0.05~0.1mm左右的厚度供做切削修飾。

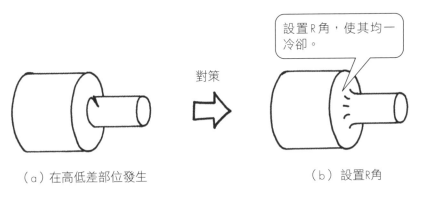

設置R角，使其均一冷卻。

（a）在高低差部位發生　　　　　　　（b）設置R角

圖6.9　淬裂

退火和正火

退火的目的

　　應該任誰都會覺得退火和正火的名稱很不容易理解吧。退火也稱做燒鈍。退火雖然有好幾個目的，但在這邊只介紹將材料軟化的「完全退火」，以及去除內部應力的「去應力退火」。

　　因冷間加工等所產生的加工硬化現象，在使材料變硬的同時，其加工性也會惡化。將材料軟化以提升加工性的處理，就是完全退火。而這不只針對鋼鐵材料，也會對銅施做。

　　再者，隱藏在材料內部的應力是造成加工時變形的原因，在使用上也會有不良影響。除去這個內部應力的做法就是施以去應力退火。特別是鑄造時，因為有很多複雜的造型而造成冷卻不均，會在內部殘留應力的緣故，一般就會施做這個去應力退火。

正火的目的

　　淬火是強制讓材料變強，退火是強制讓材料軟化的熱處理。相對於上述二者，正火則是讓因經過各種加工而混亂的金屬組織回復到標準狀態的熱處理；是以空冷做為冷卻方式。因為在製鋼工程中也經常使用正火處理，可做為參考。

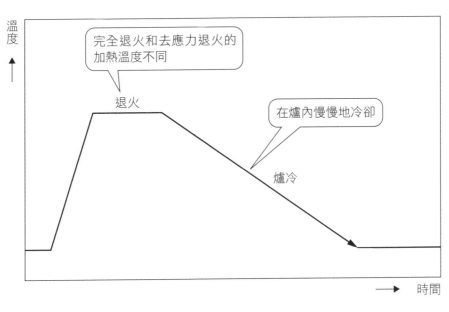

圖6.10　退火的溫度控制

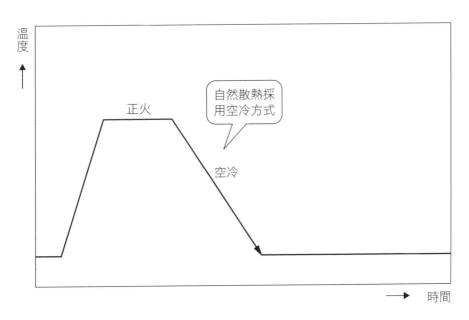

圖6.11　正火的溫度控制

僅施做於表面的熱處理

將表面硬化的高週波淬火

　　最後來介紹僅將表面硬化的熱處理方式—「高週波淬火」和「滲碳」。在設計上來說，淬火所追求的是提高硬度和耐磨性。但也會有只需要表面或表面的局部做淬火處理就好的情況，這時後高週波淬火就很適合。並非像淬火回火那樣以加熱爐將零組件全體加熱；相對的，因為只是將必要的部分以線圈纏捲，再以高週波電流加熱的緣故，可以將加熱所產生的變形抑制到很少，也可以對應到大型的零組件。這個加熱線圈是配合物件形狀所製作，通電後一瞬間就能將物件加熱到通紅。加熱後則立即以水等一口氣急速冷卻。

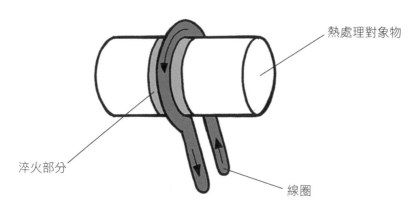

熱處理對象物

淬火部分

線圈

圖6.12　高週波淬火的範例

將材料浸入碳的滲碳處理

　　滲碳是非常獨特的熱處理方式。將低含碳量的鋼鐵材（S15C或S20C等）的表面浸入碳，使其大約有0.8~0.9%的碳含量後，再實施淬火回火。因為是將碳滲入材料所以稱為滲碳。如同目前為止所介紹的，要產生淬火效果含碳量必須要在0.3%以上。假如一開始就用含碳量0.3%的碳鋼，不必滲碳也可以做淬火，那為何要特別使用含碳量0.3%以下的碳鋼然後再做滲碳處理呢？

　　這是因為刻意要改變材料表面和內部硬度的緣故。也就是說，透過滲碳處理，表面因為含碳量高，所以再做淬火處理時就會變非常硬，但因為內部維持低含碳量，所以淬火效果進不去，而得以帶有原本的韌性。以我們身邊的物品來說，柏青哥鋼珠就是用滲碳方式處理的例子。柏青哥鋼珠會受到無數次的反覆強力衝擊；只是硬的話，一下子就會產生裂痕，所以要藉由表面硬而內部堅韌的強力結構來吸收衝擊並防止破裂。

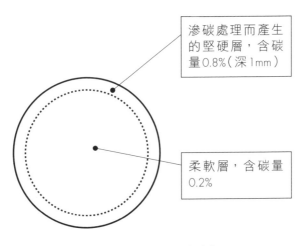

滲碳處理而產生的堅硬層，含碳量0.8%（深1mm）

柔軟層，含碳量0.2%

圖6.13　柏青哥鋼珠的剖面

充電站

最高品質的鐵就是日本傳統的玉鋼

　　古代流傳至今的日本刀，不論是在材料、加工方法還是熱處理，全部都是以最高水準的技術所製造而成。被用來製刀的材料和我們身邊的鐵是完全不同的東西，而是一種稱為玉鋼、以日本傳統吹踏鞴製鐵而得的超高級鐵材。一般的鐵是以進口的鐵礦石做為原料，然後用高爐設備製成；但吹踏鞴製鐵則是以日本的中國‧岡山地區的優質砂鐵為原料，藉由低溫融溶砂鐵，因而得到雜質少的優質鐵。然而，因為是透過低溫所得的鐵，所以產出時是半固體狀態，必須要將煉爐破壞才能取出，並不適於大量生產。此擁有長達千年歷史的技術，在明治時代時沒落。現在為了要留住這個技術，島根縣奧出雲町的日刀保吹踏鞴，每年會提供幾次玉鋼供刀匠使用。現代的製鐵因為是藉由高溫取出液態的鐵，所以煉爐幾乎能夠長久地使用，雖適於大量生產，但品質比不上玉鋼。現在鐵的行情是80日圓／公斤，玉鋼則是100倍，約8000日圓／公斤。

　　再者，說到加工和鍛鍊，日本刀要反覆經過多次捶打延展再折疊。刀刃部使用硬的鐵，刀刃的對側則使用軟的鐵；而最厲害之處莫過於日本刀的淬火處理。如果把整把刀都施做淬火的話，雖然刀會變硬，但反過來說也會變脆而易折。因此，淬火前要先塗上含有保密配方的土。藉由在刀刃部分塗上薄薄的一層，使淬火效果能確實發揮以提升切斷性能；刀刃以外的地方則塗上厚厚的一層，使淬火效果不佳以保留其柔軟性。如此一來便成就了一把「鋒利好切，但遇衝擊也不彎折」的刀。像這樣，日本刀便是做為世界最高技術的結晶。

第 **7** 章

材料選定的程序

在選定材料時的基本考量

品質、成本和交期

　　材料選定是設計上的一個工作。在這個設計工作上最重要的就是要能同時達成「品質」、「成本」和「交期」三項要求。「品質」指的是要滿足預期的規格或機能，若不能滿足製品的品質則無法得到客人的滿意，而若不能滿足生產設備的機能需求，也會有產出不良品的風險。接著是「成本」，即使只是省1日圓也要便宜地製作出來。因為製品和生產設備的成本很多都是在設計階段決定，為了獲利，在滿足品質的同時也要追求以最低成本製造。最後的「交期」則是說，能夠在短時間內完成設計，並盡速讓製品上市。為了從開發、設計、加工、組裝、調整、檢查、以及到營業的一連串作業能夠流暢進行，在上游端的設計速度就有很大的影響力。

為了使材料標準化

　　那麼進行設計作業時，來思考一下如何才能在材料選定的過程中同時滿足品質、成本和交期吧。品質面來說要檢視機械性質、物理性質、化學性質；成本面則是市價的調查。問題是最後的交期。這個交期並非只是從材料發包到入手的期間，而是必須包含材料選定時間在內的寬廣視點，所以如果每次設計時都要從頭開始檢視機械性質或調查市場價格的話，實在很難顧及速度。再者，每次從頭檢視或調查確認所耗費的時間也會產生工資，成本便隨之上升。而解決這些問題的策略就是「材料的標準化」。標準化並非每次設計再來思考，而是「事先決定好該用的材料」。藉由「這樣的規格就用這種材料」，設計時就能在很短的時間內做出決定。假若，出現標準化材料無法對應需求的案子時，再針對它深入檢視即可。雖說標

準化的理想是全公司擁有統一的規則，但若因是大公司而有困難的話，首先就從部門單位或團隊單位來實行也能發揮效果。本章就以這個材料的標準化為中心開始說明。

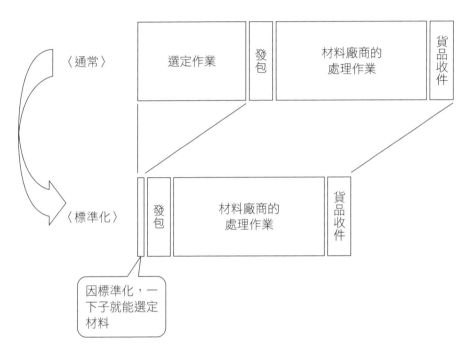

〈通常〉　選定作業　發包　材料廠商的處理作業　貨品收件

〈標準化〉　發包　材料廠商的處理作業　貨品收件

因標準化，一下子就能選定材料

圖7.1　標準化可縮短交期

基本上用碳鋼，特殊用途則用合金鋼

介紹標準化的一個例子

這邊開始介紹選定的流程和具體的材料種類。有關種類的部分，請做為此後推行標準化時的參考。參考的意思是說，因材料廠商不同，材料的流通性和價格也會有所不同，因此很難具體專指出哪種材料。比如說，以碳鋼的S-C材為例，S45C和S50C哪個便宜哪個容易取得，就會隨著材料商而有不同。然而，若因此什麼都不列舉的話，就又會脫離本書想要依循實務的內容宗旨，所以就以做為一個案例的方式來介紹吧。

最初的判斷基準為輕量度

那麼就進入選定流程的部分吧。最初的判斷基準為「輕量度」。不需要輕量度的話就選用鋼鐵材料，若需要輕一點的材料則使用鋁材或塑膠材料。輕量度為第一個選擇標準，最剛開始會從不需要輕量度的鋼鐵材料介紹起。第二個選擇標準則是用途。基本上分為廣為一般使用的「通用材」，然後是「板金材（薄板）」、「希望具耐磨性的情況」、「希望具耐蝕性的情況」4種類型。各自類型中最基本的就是「碳鋼」。碳鋼是從強勁性開始，在加工性、價格便宜程度、形狀變化都擁有豐富選擇的材料界代表選手。只有無論如何碳鋼都沒辦法滿足需求的情況下才會考慮「合金鋼」。合金鋼貴，而且形狀和尺寸的變化都少，流通性除了少部分外，也都不如碳鋼，因此只有在有明確理由時才使用。

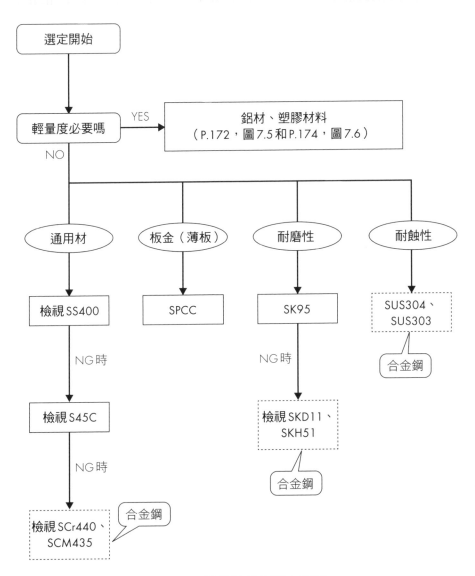

圖7.2　鋼鐵材料的選定流程

成為通用材的SS400（舊SS41）

　　碳鋼的SS400為基本的通用材料。SS材中雖還有SS330、SS490、SS540，但因為這些材料在市場上的能見度並不高，所以不須迷惘，考慮SS400即可。SS400在鋼板、棒材、型鋼這些形狀和尺寸的變化都很豐富且便宜。加工性好又因含碳量少所以焊接容易，但不適合做淬火處理。不做淬火等熱處理而直接使用就叫用「生的」。SS400要用生材，並盡可能直接使用其原來的表面狀態。這是因為若在表面做了很多加工，恐怕會釋放出材料內部的應力而導致變形。這個內部應力的方向和大小雖很分歧，但在材料內呈現很完美的平衡狀態。然而一旦切削表面、力的平衡狀態一崩壞，就會以變形的型態釋放出來。而且因為內部應力本身眼睛看不見，每一件材料也都互不相同，所以變形量的大小不實際切削看看並無從得知，是非常麻煩的地方。因此，表面設計盡可能不使用切削加工；若表面加工很多的情況時，因為市面上也有販售已經去除內部應力的正火材，可以考慮是否採用。

做為萬能選手的S45C

　　相對於前述的SS400是化學成分任憑鋼鐵廠商處理的材料；有規定化學成分的材料則是S-C材。因為有害成分磷（P）和硫磺（S）的成分比例較SS400低的緣故，材料品質高，是繼SS400之後被廣為使用的材料。

　　以JIS規格來說，雖然從含碳量0.1%的S10C到0.58%的S58C有20種設定，但實務上S45C與S50C被使用較多。S10C到S30C因為是軟鋼性質，和SS材有相同傾向，選擇它較無意義；而硬鋼從S30C到S58C有12種，雖然各類間的含碳量有0.02~0.03%程度的細微差異，但因這幾個百分點的差異在實務上並沒有影響，所以就集中在S45C或S50使用。相對於沒有淬火效果的SS材　S45C和S50C因為含碳量多，所以可以做淬火處理。如果只是做為一般的通用材使用，生材就很足夠，但如果需要提高硬度時就會做淬火處理。惟尺寸較大時，因為淬火效果進不到材料內部，要以直徑20mm以下或板厚14mm以下為標準，此標準以上的尺寸就要考慮使用合金鋼。另一方面，因為很容易發生焊接時的熱能引發淬火效應、進一步造成淬裂的現象，要盡可能避免。

歸納到目前為止，通用材的選擇流程為：

1）要做焊接就選SS400

2）要做淬火則選S45C或者S50C

3）焊接和淬火都不做時，若表面加工少則選SS400的生材

4）材料表面加工多的時候，做為防止變形的對策，則選用SS400的
　　退火材或從S45C、S50C選擇

上面寫「或者」的地方，要再從合作廠商的材料市售性和材料價格進一步考量。

使用合金鋼SCr或SCM的目的

選擇機械結構用合金鋼的目的，就是要提升強度和淬火性這兩點。剛性（不易變形程度）是只要含碳量相同就一樣，所以碳鋼和合金鋼並無差別；但藉由淬火，合金鋼的強度（能耐多大程度的力）就比碳鋼更優異。另一點就是淬火性，合金鋼即使是大尺寸物件淬火效果也能深入材料內部。硬度則以HRC40~50為目標。以種類來說，儘量避免含鎳（Ni）的高價合金鋼，而是選擇SCr440（鉻鋼）或SCM435（鉻鉬鋼）。

黑皮材和磨光材

　　來看看在第4章所介紹的黑皮材和磨光材要如何區分使用吧。一般習慣上將熱軋鋼板稱為黑皮材，冷軋鋼板則以磨光材做區分。SPCC因為是冷軋鋼板所以是有著光滑表面的磨光材。另一方面SS400和S45C或S50C，則同時買得到黑皮材和磨光材。因為氧化鐵黑皮的粗糙程度可以到用手摸都感覺得出有凹凸不平的東西，若是不考慮尺寸精度和外觀的建材等就會直接以黑皮的狀態使用；但若運用在製品和生產設備時，因必須要有高尺寸精度或光滑表面，就有必要先除去黑皮再做使用。

　　這個方面若是磨光材的話，因為表面光滑漂亮故能夠直接使用。雖然比起黑皮材，磨光材價格高，但和買入黑皮材再做加工的成本比較起來，磨光材仍占有優勢。因此，備料的時候要對應用途，以「SS400磨光材」、「S45C磨光材」指示出需要的是黑皮材還是磨光材。如果只寫「SS400」或「S45C」的話，進貨時就不知道會收到黑皮材還是磨光材了。而若是SPCC，因為是冷軋鋼板所以已經被限定為磨光材，只以「SPCC」指示也不會有問題。然後H型鋼或I型鋼等型鋼因為只有黑皮材，如果有需要漂亮表面的地方就切削來使用。

　　補充「SS400磨光材」。SS400於JIS規格中雖被規定為熱軋鋼板，但加工廠商會將SS400以冷間壓延加工後的產品當做磨光材來流通。

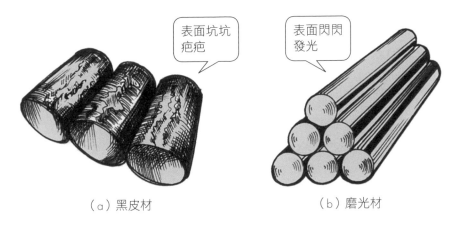

表面坑坑疤疤

表面閃閃發光

（a）黑皮材　　　　　　　（b）磨光材

圖7.3　黑皮材和磨光材

3.2mm以下的板金選用SPCC

　　如果是3.2mm以下厚度的板金，就選用SPCC。通常金屬薄板又稱為「板金」。因為不使用在受力位置，最適合用於安裝感知器等小零件的托座或外殼等處。

　　SPCC因為是冷軋鋼板，表面光滑又漂亮。又因為是磨光材，表面不做切削就可以直接使用。主要是用於沖壓或彎曲加工；切削加工則限於以鑽台開孔或螺紋加工。板厚從0.4mm～3.2mm都有。1mm以下為每0.1mm一種；1mm到2mm則為每0.2mm一種；2mm以上為每0.3mm一種。在JIS規格中板厚規格很多，但每個材料廠商有在生產的厚度各有所異。再者，也不是因為尺寸變化很齊全所以就使用各種板厚來設計，反而要聚焦使用幾種厚度才有效果。

需要耐磨性時選用SK95（舊SK4）

　　受磨擦的部材若很軟，慢慢被磨耗掉後就無法發揮功能了。要提高硬度和耐磨性，含碳量高的鋼材就很適合。相對於剛才S45C含碳量為0.45%，SK材（碳工具鋼）則介在0.6%到1.5%的區間。名稱雖為碳工具鋼，但完全不需要將其用途限定在製作工具使用，也很適合用於常常磨擦的插銷或軸等轉軸材料。SK材中雖有11種材料，因取得容易程度會選擇SK95（含碳量0.95%：舊SK4）或SK85（含碳量0.85%：舊SK5）。摩擦力小的時候就用S45C，大的時候或迴轉速度快時則選用SK95的生材或經淬火後（HRC61以上）使用。不知如何選擇的話，則以SK95的生材做為一個指標。因材料廠商不同，也有經手將圓棒外徑研磨修飾的高精度品項，這個也要好好利用。而因為使用溫度上升的話硬度會降低，超過200℃的時候就要考慮下面要介紹的高速工具鋼。

磨耗激烈時採用合金工具鋼或高速工具鋼

　　即使是剛剛介紹的SK95，若磨耗情況很激烈，就要考慮使用合金工具鋼或高速工具鋼。前提是都會經過淬火處理。合金工具鋼有SKS材、SKD材與SKT材，各自都有很多種類，但價格從便宜到貴依序為SKS3、沖壓鍛造用模具鋼的SKD11、高速鋼的SH51（舊SKH9）等常被採用。高速鋼的SKH51藉由淬火，硬度可達HRC63以上，即使到600℃也能在無損硬度的情況下使用。然而要在設計階段就預測出受磨擦結構的零件耗損程度是非常困難的。因為不只是施力大小，像是力的方向到底是集中於一點或分散施加等，因各式各樣的原因磨耗的方式都會改變。理想的情況是在設計階段就以加速試驗來測量每個材料的磨耗程度，但現實上來說非常困難。因此其中一個可行的思考方式為，先以SK95製作以確認工作狀態中的磨耗程度，若到達磨耗上限必須替換零件時，再視需要決定是否升級使用合金鋼；而另一個方法是一開始就選擇有餘裕的合金工具鋼或高速工具鋼。高速鋼SKH51的材料價格雖是接近SK材10倍的高價，但因為尺寸愈小價格差距就愈小，要以整體來做判斷。

以消耗品來處理磨耗的思考方式

　　面對磨耗很激烈的情況時，另一個應對策略就是將零件當做消耗品來思考。將磨耗做為前提，一到使用上限就做更換。當材料性質或熱處理都難以對應需求、或者變得很貴的時候就會使用這個思考方式。身邊的汽車引擎機油就是一個例子。雖然理想上是從車子買來到報廢一次也不用更換。但能夠連續使用10萬公里的機油在技術和費用上都難以達成。因此，每走一定距離或一段時間客戶就要自費更換機油。雖說機油不是磨耗而是劣化，但思考方式相同，就是做為消耗品使用。像這樣把零件當做消耗品定期替換的做法非常普遍。只是使用這個方法時，清楚標示替換零件的名稱和替換頻率是非常重要的。一般會把消耗品和替換頻率歸納成一覽表。替換頻率有以生產個數為單位，也有像操作1000小時就要替換這種以工作時間為單位的方式。

需要耐蝕性時選用SUS304和SUS303

因為不鏽鋼耐蝕性很好，在化學性上的使用環境很惡劣時，就會採用SUS304。SUS304的非磁性性質也是其他鋼材所沒有的機能性特徵。只是，當施做彎曲加工時，因加工硬化的緣故，加工位置會帶有弱磁性這點要特別注意。另一方面，因為又硬又具韌性，也有加工性不良的缺點。將加工性做改善的便是SUS303。藉由對SUS304的成分添加有害成分磷（P）和硫（S）來提升加工性。雖然耐蝕性會差一些，但因為在一般環境下使用並沒有什麼大問題，需要耐蝕性材料時就直接聚焦SUS303也是一個方法。

對應特急件就用SUS430

在做製品和生產設備的開發時，會有必須緊急製作零件的情況。這時候不鏽鋼就很好用。一般情況下會使用SS400或S45C這些碳鋼，將其加工後為了防鏽再施做表面處理。然而，因為加工廠商和表面處理廠商不同，廠商間搬運材料等必須花上一段時間。相反的，不鏽鋼因為不必做表面處理，只要加工就可完成。雖和碳鋼比起來硬又具韌性並不易加工，但到完成為止的整體時間仍可大幅縮短。儘管材料費比碳鋼高，但要拼速度時就得用不鏽鋼。而雖然像這種要趕急件的時候哪種不鏽鋼都好，但若有庫存則選擇比SUS304便宜又好加工的SUS430。

鋼板的固定尺寸

鋼鐵材料的板材有鋼板和扁鋼。鋼板因為是以「尺」為單位的固定尺寸在販賣，相對於厚度，其外型尺寸是固定的。另一方面，扁鋼則是相對於厚度尺寸，其寬度尺寸的變化相當豐富。

SPCC等的鋼板是以3種固定尺寸在做販售。單位則是使用自古以來一尺約等於303mm的尺貫法（編按：日本傳統度量衡體制），有稱為3×6的914mm×1829mm尺寸、稱為4×8的1219mm×2438mm尺寸，以及稱為5×10的1524mm×3048mm尺寸。3×6是最具市售性的尺寸。加工廠商都是買入這些固定尺寸的材料後，再從之切出材料做加工。

一看這些尺寸，幾乎都是超過1公尺（1000mm）的大小，因為一般都不需要這麼大的尺寸，所以也不用特別去考慮固定尺寸這件事。即使真的有必要，也應該避免以這樣大的尺寸來設計。以SPCC來說，即使厚度僅1mm、面積為1m²，其重量就已經是8kgf；等於1公升牛奶有8瓶的量，可以知道相當重。因為又大又重，搬運就很辛苦，且這個零件的組裝工作也會非常費力。這種時候，便要盡可能去做分割設計。以這個例子來說，就是分割成3份或4份的處理。因為薄板的分割可以用金屬裁板機這種板金加工機輕鬆完成，對加工幾乎沒有負擔。

SS400和S45C的扁鋼厚度和寬度變化請參考書末附錄。

輕量的鋁材料

追求輕量

當需要輕量特性時，不需猶豫就是選用鋁材。和鋼鐵材料比起來，鋁材只有其三分之一的重量。那麼，在什麼情況下會需要追求輕量呢？有兩個目的，一個為可動部位的輕量化；另一個則是搬運物的輕量化。

可動部位輕量化，整體裝置變小變便宜

先從可動部位的輕量化來說明。可動部位指的是會動的部分，比如說機器人的手（夾具）就是一例。為了讓這個可動部位動起來的驅動裝置會使用馬達或氣缸。驅動裝置要出多少力量是依「可動部位的重量」和「可動部位運作速度」來決定；要讓沉重的可動部位動愈快，就必須出愈大的力量。而出力一旦變大就會有各種弊害出現。除了驅動裝置的價格會上升，尺寸變大外，為了動起來的電費也會變高。再者，支撐裝置的零件也必須變得更大。這樣一來，就會發生裝置本體和其周邊零件成本上升、尺寸變大的缺點。反之，若能將可動部位變輕，驅動裝置和支撐它的零件就會變得又小又便宜，也能減少電費。

速度也會變快

　　以相同驅動裝置來說，可動部位的輕量化就可發揮提升速度的效果。這和輕型汽車若坐四個大人速度很難變快，但只有一個人的話就能開得飛快的道理相同。如果是像工業機器人等的生產設備，藉由提升速度就能提高生產能力。

　　還有另一個優點。很多生產設備的可動部位，會要求讓它像機器人一樣，停留在某個目標位置後開始執行特定動作，然後再回到原位這樣反覆操作。對於準確地停留在目標位置上，可動部位的輕量化可是非常有利的。如果可動部位很重又必須動很快的話，因為慣性會導致其停留在超過目標的位置上，稱為「過衝overshoot」。這和非常重的卡車無法急停而衝過頭的道理一樣。跑超過的部分則要朝反方向補回，然後又超過一些些，再朝反方向補回一些，就這樣反覆去回去回，最終停留在指定位置上。一直到回到指定位置的時間稱為整定時間，所花時間愈短就是愈優秀的設備。可動部位很重的話因為慣性很大整定時間會變長，而很輕的話因為慣性小，就能在短時間內完成定位。也就是說，因為輕量化關係，設備的速度變快，生產力也能跟著提升。

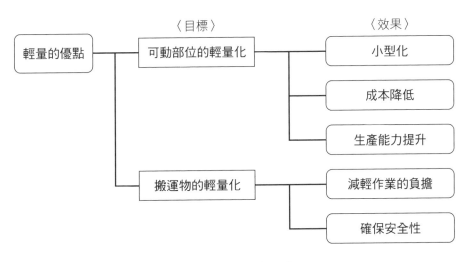

圖7.4　輕量的優點

使人力作業輕鬆的輕量化

　　追求輕量化的另一個理由則是人力作業的便利性。為了搬運製品、零件的棧板或以人手更換的變換模具用零件、治具很重的話，對作業人員來說不只消耗體力，集中力也會降低。這樣一來，就有可能影響作業精準性或在現場跌落受傷。減少人力作業的負擔，就是改善作業現場的基本。

鋁材的選定程序

　　如果像上述那樣需要輕量時，優先考慮鋁材。鋁材以一般情況下所使用的「通用材」、和鋼鐵材料並列「需要高強度的情況」，以及「使用薄板的情況」，這三種類型來做選定。

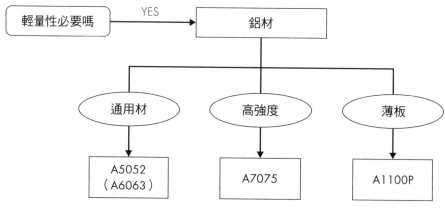

圖7.5　鋁材的選定程序

通用材的A5052和高強度材的A7075

像在第5章所學的，鋁雖然有A1000系到A7000系，但如果從機械加工性、焊接性、市場性來看的話，會選定最具代表性的A5052。再者，A6063因為在押出成型的加工性上很優良，備有L型角材、槽型品或管材等各式各樣的變形，在要活用這些形狀的情況時就會考慮採用A6063。

而強勁性為必要性質時，不需猶豫就選用A7075。材料價格約為A5052的1.5~2倍，但抗拉強度有570N/mm²，超越鋼鐵材SS400的強勁性為其特徵。鋁因為在高溫下強勁性會降低，故要在200℃以下使用。

薄板就選用A1100P

對追求輕量化的外殼或包板用薄板，就會使用A1100P。因為具有光澤所以也能呈現出高級感。依據材料商不同，A1050P也有在市場上流通，就看要選用哪一個。JIS記號末尾的P是PLATE（板）的縮寫。因為板厚的尺寸會在零件圖上標示，所以材料記號省略P不寫也能理解，但習慣上多半還是會記上。鋁因為軟所以容易有傷痕，沒有外觀或輕量化的必要時，則選擇碳鋼的SPCC。

高自由度的塑膠材料

塑膠材料的選定程序

　　塑膠材料比鋁材更輕、透明且可上色是其主要特徵。用途以「通用材」、「必須透明的情況」，以及「必須要有透明性和一定程度強度」的這三種類型來做選定。

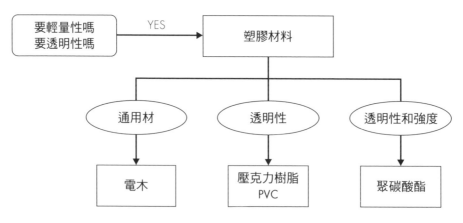

圖7.6　塑膠材料的選定程序

要更輕就選電木

　　電木重量為鋁的一半。對要以人手搬運的棧板或治具等都可發揮效果。因為熱膨脹率大，對必須具備高尺寸精度的零件要特別留意。電木是市售性很高、便宜且加工性超群的材料。顏色是很獨特的咖啡色。

活用透明性的壓克力樹脂和PVC

在所有材料中，具透明性的就是塑膠和玻璃。玻璃因為脆而容易破損，做為加工材料使用的頻率大幅受限。而活用塑膠的透明性，很多都是把它拿來做外殼使用。以外殼來說，就會選擇壓克力樹脂和PVC。不只是透明，也能選擇像透明咖啡色等這種具半透明的顏色。另外，雖然在受力的結構零組件上很少會使用塑膠，但在想要依靠目視，就能看見在零組件中通過的製品狀況等活用透明性之處時，比起壓克力樹脂或PVC等通用塑膠，有著更高強度和耐衝擊性的聚碳酸酯就很適合。這個聚碳酸酯藉由除去內部應力的調質處理後，就能夠以高精度做加工。因為這個加工精度會依形狀和厚度改變，要和加工廠商進一步討論。

射出成型的材料和金屬模具設計及工法有關

上述塑膠材料的加工主要是以銑床和鑽台的切削加工為主。另一方面，射出成型則為透過將塑膠熔化後流入金屬模具造型，而被廣泛使用的工法。我們周遭以射出成型做成的東西非常多。電腦的主機殼和鍵盤、滑鼠、浴室的椅子或澡盆、牙刷都是射出成型品。除了不會有切削加工那樣的粉屑外，可以短時間完成也是其優點。在選定射出成型的材料時，不只要考慮材料特性，使材料能夠在金屬模具內順暢流動的金屬模具設計和射出成型的條件都必須要同時考慮。

活用材料力學達到所需之強勁性

在材料知識的學習上不能搞錯的事

　　如果只集中學習材料知識的話，很容易陷入只用「選擇材料」來對應所要求的規格和性能。比如說要提升強度就不使用碳鋼，而選擇合金鋼做淬火處理來滿足需求。然而，合金鋼貴且市售性低，形狀的變化也較少。再者，以代表延伸撓曲特性的剛性來說，不管使用合金鋼還是碳鋼結果都一樣。這時候該怎麼辦呢？雖然聽起來理所當然，但只要放大材料尺寸就可以簡單地增加強勁性。比如說「表現易變形程度的剛性」只要將材料厚度增加兩倍，對彎曲的變形量就能一口氣減低至八分之一。又如「表現能承受力量大小的強度」，則是增加受力面積就能有所提升。像這樣，比起使用高價的合金鋼，使用便宜的碳鋼並以形狀和尺寸來確保強勁性就會是比較好的方案。只有在尺寸受到限制的特定情況時才使用昂貴的合金鋼。

　　告訴我們如何設計這個形狀和尺寸的就是材料力學。因此，以製品設計和機械設計來說，「材料知識」和「材料力學」就變成是缺一不可的關係。基本的思考方式是：「材料要選擇便宜且通用的種類，之後再以形狀和尺寸來對應」。接下來，就來看看要如何在拉力、壓縮及彎曲的面向上活用材料力學吧。

思考面對張力和壓縮的強勁性對策

　　想減少因拉力和壓縮所產生的變形量時，依圖7.7公式可知，分母的「縱彈性系數和截面積」愈大，或者分子的「力的大小和原長度」愈小，變形量就會愈小。

　　雖然縱彈性係數是依材料所決定，能選擇的空間很少，但截面積和長度就可以自由地設計了。將截面積變兩倍的話，則變形量就可減少一半。因為鋁的縱彈性係數是鋼鐵材料的約1/3，所以將鋁材的截面積設計成3倍，就能改善其變形量到與鋼鐵材料相同的程度。比如說，相對於直徑10mm的鋼鐵材料，將鋁材的直徑做成17.3mm，變形量就會變一樣。

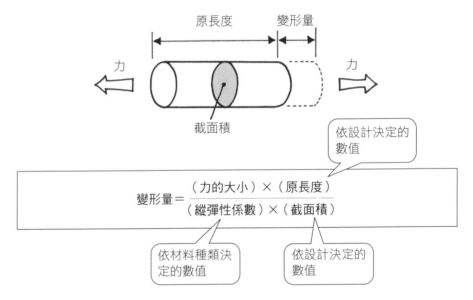

$$變形量 = \frac{（力的大小）\times（原長度）}{（縱彈性係數）\times（截面積）}$$

圖7.7　面對拉力和壓縮的強勁性對策

思考面對彎曲的強勁性對策

接著來看看因彎曲而產生的撓曲吧。這個撓曲的原則是依據虎克定律，但因為是複雜的計算公式，在這裡只介紹重點。依圖7.8的公式，因為A是依施力條件決定的數值，現在先不要理會而專注在分母和分子上。前頁因拉力所生的應變之分母為「縱彈性係數×截面積」；而因彎曲而生的撓曲量之分母則替換掉「截面積」，改以「截面二次軸矩」套入。截面二次軸矩表示的是每種截面的易彎曲度，這個數值愈大則撓曲量愈少。

雖然縱彈性係數是以材料來決定，但分子的「長度」和分母的「截面二次軸矩」則是能夠依設計來決定的數值。截面為長方形時，截面二次軸矩是1/12×寬度尺寸×（厚度尺寸）^{3}。厚度尺寸右側的3次方也就是乘3次的意思。這個式子很好用，不論寬度也好厚度也好，不難看出來只要尺寸愈大則截面二次軸矩就愈大，因此撓曲就會減少。我想這個在實感上也很容易了解。在這邊重要的是，厚度尺寸乘3次的部分。若厚度做成2倍，因為2的3次方為2×2×2=8，撓曲量就急減成1/8。厚度是3倍的話，因為3×3×3=27，撓曲量就變成1/27。而若是增加寬度2倍的話撓曲量為1/2，3倍的話撓曲量為1/3。也就是說，對於減少撓曲量來說，比起增加寬度，可以知道增加厚度更具有壓倒性的效果。

截面二次軸矩依每種形狀所決定，圓棒的話是1/64×π×（直徑）^{4}。因為直徑是4次方，所以對撓曲量影響很大。比如說，只要將直徑增長20%，因為1.2的4次方1.2×1.2×1.2×1.2≒2，就會讓撓曲減少一半。像是只要將直徑10mm的圓棒做成12mm，撓曲量就會變成一半。主要形狀的截面二次軸矩請參考表7.1。

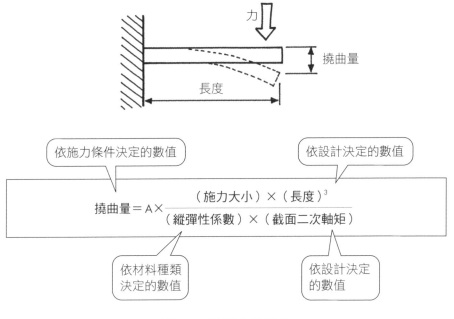

図7.8　對彎曲的對策

表7.1　截面二次軸矩

截面形狀	截面二次軸矩	截面形狀	截面二次軸矩
b、h 矩形	$\dfrac{bh^3}{12}$	直徑 d 圓形	$\dfrac{\pi d^4}{64}$
b、h 三角形	$\dfrac{bh^3}{36}$	d_1、d_2 環形	$\dfrac{\pi}{64}\left(d_2^4 - d_1^4\right)$

註）施力為上下方向的情況。

薄板要以折彎加工做為強勁性對策

　　薄板雖會使用SPCC或A1100P等材料，但缺點是不耐彎曲。這時也可以大大地活用材料力學。我們都曾經有即使是將薄紙摺成紙盒狀，也可以變得很堅固的經驗。這個也可以以材料力學的截面二次軸矩來說明。以厚1mm板材的案例（表7.2）來看看吧。想像厚1mm的A4尺寸板材，不管是什麼金屬材料都軟趴趴的。這時候對100mm寬的平板做單側20mm的折彎加工、成為L形的話，因截面二次軸矩增大，撓曲量就急減至原本的1/260。進一步將兩側都折彎20mm的話，就變成了1/500。不折彎而將之直立的話，則是1/10000。光是改變形狀就能夠得到如此巨大的效果。就如同到目前為止所介紹的例子，為了要抑制變形時，比起「以選定材料來決定的縱彈性係數」，「以形狀和尺寸來決定的截面二次軸矩」對提高設計自由度的效果更是遠大於前者。因此，「選擇便宜的通用材料，之後再以形狀和尺寸來對應」確實是有效的。

學習材料力學的訣竅

　　像以上這樣，材料力學提供給了能夠活用於實務的資訊。這邊介紹的材料力學、流體力學和熱力學合起來被稱為機械工學的三大力學，其中材料力學則是被定位在老大的地位。因為需要物理和數學的基礎，材料力學的書一翻開確實充斥了看起來很難的算式，但這是因為材料力學的書為學術書籍，所以重視計算過程而必須羅列算式。

　　在這邊就來介紹學習材料力學的訣竅。學習一門學問時，從第一頁開始按照順序理解下去縱然沒錯，但從實務的角度來看，並沒有必要按照順序來讀。真正重要的是由計算式得出的最終式。之前介紹的截面二次軸矩也是以「當為這樣的形狀時就用這個式子」的方式來活用最終式。如果因為無法理解做為過程的計算式而卡關實在很可惜，因此請只專注在最終式上面。

表7.2　折彎加工的效果

例）厚 1mm、寬 100mm、折彎 20mm、懸臂的範例

	形狀	撓曲量 （將平板做為1）
平板		1
單側折彎		$\dfrac{1}{260}$
兩側折彎		$\dfrac{1}{470}$
平板 （直立時）		$\dfrac{1}{10000}$

註）為施力相同時的撓曲量之比值

材料選定的程序

推進材料的標準化

標準化的優點

到目前為止已將關於材料選定的思考方式和具體種類做了介紹。像這樣聚焦使用材料，可整理出以下頗具效果的優點：

1）因選材料的時間縮短而能提升設計速度（設計部門）
2）採購的單純化（資材部門）
3）加工現場的效率化（製造部門）
4）材料庫存管理的單純化（製造部門）
5）大量使用時的折扣商議所帶來的成本降低效果（資材部門）

從材料廠商取得資訊

有關具體的種類，因為會依材料廠商不同而在材料入手容易程度和價格上有所差異，所以在推進標準化之外有必要進一步確認資訊。在這邊就對有關這個標準化的推進方法做個說明。首先要從有來往的材料商取得每種材料的情報。對每個種類來說，下列資訊都是必要的：

1）每個形狀的尺寸表
2）鋼鐵材料的話要確認有無黑皮材和磨光材
3）入手容易程度
4）和類似品的價格比較資訊

1）是關於板材、圓棒、四角棒、六角棒、L型鋼等各形狀的尺寸資訊。如果是 SS400 或 S45C 的扁鋼，其依據不同厚度尺寸所對應的寬度尺寸變化就是很重要的資訊。要取得像附錄2~5（P.199~201）那樣形式的資訊。

　　2）若要使用為鋼鐵材料時，則有必要確認剛才1）的材料是黑皮材或磨光材。再者，因為圓棒也有高精度外形尺寸的物件，要採用的話也要一併取得尺寸公差的資訊。

　　3）是要確認廠商能否在希望的交期內配合交貨。比如說，希望3日以內交貨的話；如果能得到像各材料交期在3日內的為○，3日以上一周以內的為△，一周以上的為×這樣的資訊的話，也很能做為選定材料時的參考。期望的交期則要配合自己公司的狀況來設定。

　　4）是材料價格的資訊。因為最近材料價格的市場變動很大，比起正確掌握住價格，更要抓住類似品的價格比較資訊。像是S45C和S50C哪個比較便宜的這種資訊。

　　將以上1）～4）的資訊做為基礎，進一步聚焦材料種類。S-C材要用 S45C 還是 S50C；鋁的通用材要選 A5052 還是 A6063；外殼要用壓克力還是 PVC。像這樣，從類似品中聚焦擇一。

透過活用尺寸表來降低成本

前頁1）所提及的尺寸表也可以大大活用於設計。假若，不理會市售尺寸，以S45C，厚7mm、寬18mm、長50mm來做設計。準備材料時因為沒有這個規格品，就要買入稍大厚9mm、寬19mm的材料，並必須在加工廠切削掉厚度2mm及寬度1mm。相對地，若能配合磨光材扁鋼的規格品厚9mm、寬19mm、長50mm來做設計的話，厚度和寬度方向就完全不需要加工，只要把長度50mm切出來就好。

不考慮市售尺寸來做設計的話，就會產生像這樣的無謂加工。不僅浪費加工時間，也因為包含了為加工所做的刀具設定工作、以及加工後的殘屑清理工作，非常費工。且因為這種浪費，更產生額外的工資，進而拉高生產成本。如此一來，不但收益減少，也意味著進一步壓縮本就嚴苛的交期，可以說是什麼好處都沒有。同上所述，材料的市售規格尺寸對設計來說是必備的情報，設計者隨著經驗累積，就會像背起來一樣將之刻入腦中。

當將只有黑皮材的材料進行標準化時，事先就要確認好如果要除去黑皮要削掉多少公厘。比如說，在厚度上單側必須切削2mm時，因為兩側就變成4mm，設計的時候就要以將黑皮尺寸減掉4mm的尺寸做為最適外形尺寸。只是4mm以下可能還無法切削掉黑皮；超過4mm則會發生無謂的加工。因此，黑皮的切削厚度也並非每次重新確認，而是幾公厘一次決定好。那麼，要設定幾公厘呢。若問了材料廠商也不了解的話，實際切削看看來判斷也可以。因為黑皮的厚度並不統一，必須把餘裕考慮進去。一般來說單側切削1~2mm左右，兩側則多為2~4mm。

歸納以上所述，為了獲利，即使1日圓也要盡可能省下來。以「使用便宜的材料、做最少的加工、利用便宜的通用加工機作業、在短時間內加工」為設計目標。請回顧第1章25頁的圖1.4。像這樣將成本分開來思考的話，就更能充分理解剛才無視市售規格的設計，會產生哪些弊害。

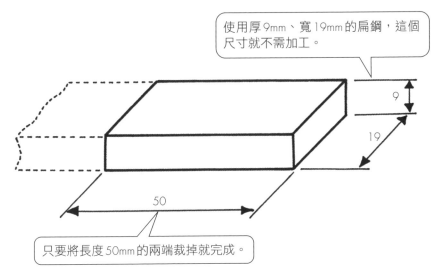

使用厚9mm、寬19mm的扁鋼，這個尺寸就不需加工。

只要將長度50mm的兩端裁掉就完成。

圖7.9　配合市售規格尺寸

接著依用途來進行標準化

　　在進行材料標準化作業時，若能依用途推進標準化，就能進一步擴大效果。這是說即使製品和生產設備的種類改變，仍可為共通部分所用，比如說像是框體的基板或外殼。框體的基板為「厚6mm的SS400磨光材」，框體的下部殼為「厚1.2mm的SPCC」，框體的上部透明外殼為「厚5mm的PVC」；像這樣，盡可能先決定好每個部位，設計時只要決定外型尺寸就好了。如果不這樣做標準化的話，很可能就會做出下部殼和前後殼和左右殼厚度不一的設計。比如說前後的殼因為很大所以厚1.2mm，左右殼因為很小則以1.0mm來設計。但這樣的判斷可不是好主意。因為有兩種厚度就變得要備兩種料，花兩個手續。SPCC因為是從固定尺寸切割出來，剩材若分成了兩種則必須多做庫存管理。若聚焦在一個種類，則可從固定尺寸大量地切割出來，就算有剩料庫存管理也變得相對容易。以剛剛的例子來說，前後左右的殼都統一成1.2mm也不會有什麼問題。像這樣的小事累積下來就會對成本、速度、以及作業現場的效率有很大的影響。

順利進行標準化的訣竅

　　然而，一旦決定要進行標準化時，各種問題就跑出來了。像是依材料廠商不同，資訊不一致；或部門成員間的意見有所出入的情況也會發生。這樣一來，加上還有其他常態性業務要忙，這個標準化作業就會一再拖延；到最後，就什麼也沒改變。因此，剛開始不要想一口氣將從鋼鐵到鋁全部的材料都標準化，而是建議先決定好範圍從小處開始。像是在S-C材中，若是S45C和S50C混著使用的話，也可先聚焦選擇其中一種。透明外殼若每次都會檢視厚度，就決定成以5mm厚的PVC為標準來使用。總之，不決定就不能開始。做看看後若有不適合的狀況，到時候再來考慮應對方式也行。總之從小範圍著手也好，就開始動作吧。

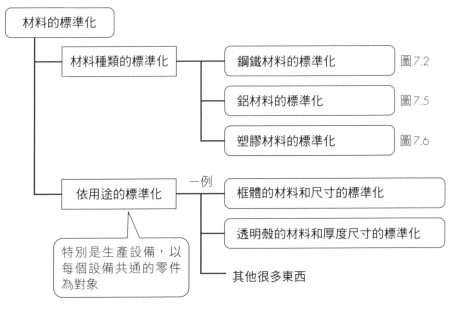

圖7.10　標準化的一例

做為應用篇的參考資訊

減低材料強勁性的主要原因

我們已經分別以剛性和強度來考量材料所要求的強勁性；並以在一般環境下使用的通用材料為前提，傳達了基礎性的知識。另一方面，當遭遇特殊環境或受到嚴格條件約束時；不只是材料資訊，也必須要從材料力學的視點來做深入思考。特別是關於會減低材料強勁性的應力集中和疲勞破壞，在這邊做為參考簡單介紹一下。

「應力集中」，就是說對形狀變化的地方集中施以數倍的力。如果是形狀一樣的零件，其受力都是均等的，但通常很少形狀完全一致，要不有溝槽，要不有開洞，會呈現各式各樣的形狀。當在這樣有形狀變化的地方集中施力，就稱為應力集中。軸的斷裂問題很多都是在高低差的地方發生，應力集中就是原因。其對策就是在高低差的地方做導角處理，或減小高低差。

接著「疲勞破壞」則是指，在施力不一、反覆地施力又解除施力的狀況下（比如說10萬次的程度），受力雖未超過彈性上限卻會產生破壞的情形。這是相當危險的事，至今的飛機墜毀事故很多就是起因於這個疲勞破壞。當反覆施力次數超過10萬次時，就要小心疲勞破壞，並將抗拉強度以約對半來估算。

因為在此介紹的應力集中或疲勞破壞都是材料力學的領域，有興趣的話請參考相關書籍。

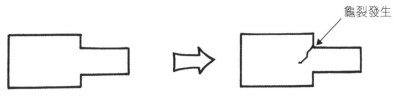

（a）因應力集中而發生龜裂

龜裂發生

附導角

減小高低差

（b）減少應力集中的方法

圖7.11　應力集中

有關提高信賴程度的安全係數

　　如果是施以巨大力量的設計時，並不能直接使用各材料的抗拉強度，而要把餘裕估算進去。這個餘裕程度就稱為安全係數。比如說使用400N/mm²的材料時，安全係數估5，所受施力就要控制在80N/mm²以下。這個安全係數依材料和受力形式會有所差異。一般的安全係數表現整理如表7.3。

表7.3　安全係數

材料	靜載重	反覆荷重		衝擊荷重
		單震	雙震	
鋼	3	5	8	12
鑄鐵	4	6	10	15
木材	7	10	15	20
石・混凝土	20	30	25	30

從今以後的向上提升

材料知識只要掌握住基礎就算合格

　　總算也走到尾聲了。到目前為止讀起來的感覺如何呢？對有讀過其他材料知識書籍的人來說，應該可以感覺到內容相當不同。本書的內容，是從使用材料的立場，優先考量實務的視點而寫成的。

　　技術知識很多都分成基礎篇和應用篇。基礎篇是最低限度應該學習的基本知識，應用篇則是將重點放在實務工作上的活用、同時也能確實掌握理論。對圖面知識、加工方法和機構學的學習來說，從基礎篇到應用篇的提升，應該相對能夠順暢掌握。但比較起來，材料知識要從基礎篇跨到應用篇的難度很大卻是事實。相對於本書的基礎篇，應用篇則必須要涉及結晶構造和金屬學的知識。為什麼在鐵中加入碳會變硬；為什麼鋼和鑄鐵以碳含量2.1%做為區分的標準；為什麼施行熱處理就會軟化或硬化，這些全都是要以金屬組織來說明的內容。沒有這個金屬學的知識就無法進一步理解。比如說材料相關書籍都必定會記載的「F-Fe$_3$C平衡狀態圖」，就是用來表現鐵和碳的金屬組織。這個學習的困難度相當高。如果是以和學習圖面知識相同的心態來學的話，更艱深的知識門檻說不定會讓人想打退堂鼓。

　　因此，我想說說我的想法。對從事鋼鐵業或熱處理行業，也就是在製造現場的人來說，因為這些材料知識為其本業，我想他們一定會想挑戰應用篇知識。但另一方面，如果只是為了使用材料，學得基礎篇知識就很足夠了。

　　因為基礎篇的材料範圍很廣，一開始只要掌握住和自己公司有關的材料就算合格。

應用篇的學習放到後頭

　　也就是說對應用篇的挑戰放到後頭就好。年輕的讀者在此後還會學習很多知識，必須慢慢在實務上活用這些知識以累積經驗。在這過程中，對於材料知識的學習只要掌握住基礎篇就算合格；應用篇的學習動力則是要從學習其他知識或在實踐中活用獲得為佳。以材料知識來說，只要能夠將基礎的材料選擇和使用方法學起來，在實務上就幾乎不會有困擾。

　　以料理來比喻，選擇好的食材並以指定順序進行料理，這就是基礎。那料理的應用篇是什麼呢？就是掌握住使食物變美味的理論。知道因使用酵母，食材的蛋白質被分解而釋出鮮味這一連串的反應；知道切壽司、牛肉、生魚片時若用鈍刀味道會變差，是因為其切斷面的細胞組織發生了某種變化。雖然，這些理論對調理專家和專業料理人來說都是本業，所以派得上用場，但一般來說並用不到這些知識。只要有食譜，不知道鮮味成分的化學反應式也無妨，只需要有切東西時要使用利刃的知識，就能做出美味料理。這和材料知識是一樣的。因為這本書所介紹的內容其實就是食譜，請好好活用。當然囉，基於對知識的好奇心學習應用篇也很棒；若是學得了其他知識再回到材料知識時，也希望讀者們一定要進一步挑戰看看應用篇。

最想傳達的標準化

　　另一個想和大家傳達的，雖然是有點龐大的話題，但其實就是要如何有效率進行工作的這個視點。製造產品所必須考量的品質、成本、交期這些，在本書也做了介紹。雖說不管哪一個都是不可欠缺的必要條件，但從今以後，交期和速度會變得更加關鍵。若能有「即使是相同的東西也能比其他公司更快提供，對打樣的委託也能一下子就處理好」這樣的速度感的話，就會變成很強大的競爭武器。這是因為通用產品通常都會被要求降價；但也有若能應付特急的趕件要求，即使追加趕件費用也在所不惜的客戶。

　　因此，必須從與客戶接洽的營業端開始，和技術、採購、製造、品管一起流暢地進行工作。材料選定，也正是其中一環。當營業或開發部門有所要求，希望能以最快速度決定材料時，為了達成要求，最有效的做法就是標準化。藉由事前就將使用材料的範圍濃縮、聚焦，就能夠變得相對容易對應。對於選定材料，本書的提案有兩點：

> 1）事前能決定的事情全部先決定好（標準化）
> 2）案子一來就立即做決定

　　這個思考方式並非新鮮事，有經驗的設計者幾乎都是以這個流程在做選定。然而，因為資訊都在設計者個人的腦中，而對其他人的說明或對年輕公司職員的教育都不太落實卻也是事實。因此，本書就將腦袋中的思考以看得見的形態來介紹。只是，因為這並非唯一的正確答案，請配合自己公司的產品和市場環境制定出原創的標準規則。

給技術人員

　　因為以實務來說速度很重要，所以耗費時間仔細討論全部材料並不是件好事。比如說，沒有必要去計算全部零件的降伏強度和抗拉強度。短時間內能夠判斷出什麼是應該要深思熟慮的、什麼不需要，這才是重要的事。而這個也是技術人員的一個技能。藉由經驗累積，就可變得能以技術人員的直覺來判斷，多累積經驗就沒問題。只是，像電梯的鋼索設計這種攸關人命等的安全相關部分，因為是比成本和速度都更優先的事項，便不能光靠經驗，而必須縝密地檢視，毋須多說。

給採購・營業人員

　　因為採購和營業所負責的是對外部的工作，如果從材料面也能掌握住自家產品的長處，這點將會是工作上的競爭優勢。再者，因為知道了第7章選定材料的順序，就能夠想像客戶的想法，這也請活用在與客戶的商談上。當從客戶那邊接收到材料的指示，如果是高價的合金鋼或是本書所沒介紹的種類時，請一定要詢問選擇該材料的理由。假如沒有特殊理由便不值得使用，變更成通用的便宜碳鋼就能降低成本。雖說近來很多都被要求砍價，但像這樣逆向提案，客戶也能開心接受，對雙方都有好處吧。

歸納標準化的優點

歸納標準化的優點來做為本書的結尾吧。

聚焦、濃縮使用材料並標準化的優點是：

1）因選材料的時間縮短而能提升設計速度（設計部門）

2）採購的單純化（資材部門）

3）在加工現場的效率化（製造部門）

4）材料庫存管理的單純化（製造部門）

5）大量使用時的折扣商議所帶來的成本降低效果（資材部門）

後記

　　在寫出第1章時，忽然對鐵的歷史感到興趣。製鐵似乎是從至今約3700年前繁盛的西臺王國（現在的土耳其共和國）開始的。那時候的人們是怎樣將鐵從鐵礦石中取出的呢？雖也有是從宇宙飛來的隕石中取出的說法；但一方面隕石並不是會那麼頻繁掉下來的東西，且一開始能分辨得出落下的東西是隕石嗎？因為覺得在意就暫且停筆，讀了文獻也還是不太清楚，最後在到東京上野的國立科學博物館調查的過程中，開始有了深入了解的興趣，不知不覺好幾個月就過去了。在這繞道之途中，在專欄裡讀到了日本獨有的踏鞴製鐵，對於從這個踏鞴製鐵可以做到連今日高爐廠商都無法做到的、最高品質的玉鋼，感到非常驚訝。因為寫這本書而得以知道至今為止自己所不了解、關於鐵的深奧世界，真的非常幸運。對於前人的探究心情、日積月累的工夫及努力能和現代連結起來，深覺感動。

　　這本書若能對各位讀者之後製作東西帶來助益，將是最讓人感到開心的事了。並由衷希望大家工作順利、事業昌隆。

　　最後，和擔任編輯的齋藤亮介共事也已經是第三本了。這次能在收到他溫暖建議的同時一起做編輯上的討論，也是非常開心的一次工作經驗。打從心底想跟他說聲感謝。

2013年9月

西村仁

參考圖書

推薦給讀者幾本與材料知識相關的書籍。

1）『設計者に必要な材料の基礎知識』手塚則雄、米村猛共著：日刊工業新聞社（2003 年）

因為是專業書籍，對文組出身的讀者會有難度，但對有觸及實務的技術人員則很容易理解。若《圖解加工材料》是初級的話，這本書就是中級的位置了。在學術面和實務面都平衡地做了解說。

2）『JIS 鉄鋼材料入門』大和久重雄著：大河出版（1992 年に 3 版）

作者是材料、熱處理方面的第一人。每種材料都分章處理，可當做索引來使用。筆者的經驗談和敘述也很有趣，可以知道一些在其他書中得不到的情報。

3）『熱処理のおはなし』大和久重雄著：日本規格協会（2003 年改訂）

與上本書同位作者。插圖很多，使複雜的熱處理知識相對容易理解。因為是以故事書的形式書寫，容易閱讀。

4）『鉄と鉄鋼がわかる本』新日本製鉄（株）編著：日本実業出版社（2004 年）

詳細掌握了從鐵礦石到完成製鋼的過程。各工程所必要的技術也使用彩圖詳細解說。和封面給人的柔和印象不同，內容很專業。因為主要內容是鐵的製法，並未觸及每種材料的特質和材料選定的切入點。

5）『図解雑学・金属の科学』田昌則、山田勝則、片桐望共著：ナツメ社（2005年）

一跨頁的左半頁為解說文，右半頁為圖解；就建立對金屬的整體觀來說是本好書。初學者也能毫無壓力地閱讀。適合毫無相關背景知識的初學者。

6）『新・モノ語り』新日本製鐵株式会社総務部広報センター編集

給小朋友看的免費發放小手冊。雖然是給小朋友看的書但有很好的品質。大人也能開心讀的推薦書籍。

7）『はるか昔の鉄を追って』鈴木瑞穂著：電気書院（2008年）

以有趣的圖片解說日本獨有的吹踏鞴製鐵法。雖是小學高年級開始就能讀的內容，對大人來說也絕對有閱讀價值。滿溢著作者對鐵的愛情的好書。

8）『ゼロからトースターを作ってみた』トーマス・トウェイツ著、村井理子訳：飛鳥新社（2012年）

自行去礦山採得礦石，且還是使用微波爐取代熔爐的方法。做為斷熱材的雲母、銅、鎳也都是自己從原料取得開始一直到最後製作出烤麵包機，真的是完全自造的故事。能很開心地一直閱讀下去。

9）『世界で一番美しい元素図鑑』セオドア・グレイ著：若林文高監修、武井摩利訳：創元社（2010年）

元素風潮的先驅書。若探究材料的根源，就會追尋到元素去了。對以全彩表現出元素自身的美感到驚艷。解說文不像圖鑑而是相當幽默好讀，所以即使是3800日圓的高價也不會讓人覺得貴。

附錄（各種材料資料）

附錄 1　硬度換算表

洛氏硬度	布氏硬度	維氏硬度	蕭氏硬度	抗拉強度
HRC	HBW	HV	HS	N/mm²
68.0		940	97	
67.0		900	95	
65.9	757	860	92	
64.7	733	820	90	
63.3	710	780	87	
61.8	684	740	84	
60.1	565	700	81	
59.2	638	680	80	2448
58.3	620	660	79	2358
57.3	601	640	77	2262
56.3	582	620	75	2186
55.2	564	600	74	2089
54.1	545	580	72	2018
53.0	525	560	71	1950
51.7	507	540	69	1862
50.5	488	520	67	1793
49.1	471	500	66	1705
47.7	452	480	64	1617
46.1	433	460	62	1528
44.5	415	440	59	1460
42.7	397	420	57	1372
40.8	379	400	55	1283
38.8	360	380	52	1205
36.6	341	360	50	1127
34.4	322	340	47	1068
32.2	303	320	45	1009
29.8	284	330	42	950
28.5	275	290	41	921
27.1	265	280	40	891
25.6	256	270	38	853
24.0	247	260	37	823
22.2	238	250	36	794
20.3	228	240	34	764
	219	230	33	735
	209	220	32	696
	200	210	30	666
	190	200	29	637
	171	180	26	578
	152	160	24	519
	133	140	21	451
	114	120		392
	95	100		

附錄2　扁鋼的標準尺寸（部分例）

【SS400，S45C】　　　　　　　　　　　　　　　　　　　　　（單位：mm）

厚度＼寬度	9	12	16	19	22	25	32	38	50	75	100	125	150
3	●	●	●	●	●	●	●	●	●				
4.5	●	●	●	●	●	●	●	●	●				
6	●	●	●	●	●	●	●	●	●	●	●		
9		●	●	●	●	●	●	●	●	●	●	●	●
12			●	●	●	●	●	●	●	●	●	●	●
16				●	●	●	●	●	●	●	●	●	●
19						●	●	●	●	●	●	●	●
22						●	●	●	●	●	●	●	●
25							●	●	●	●	●	●	●

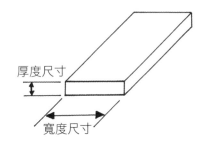

厚度尺寸

寬度尺寸

〈解説〉
第7章「推進材料的標準化」中有介紹過，要從材料廠商取得的其中一個資訊就是這個尺寸表。SS400，S45C各自的尺寸表；同時要確認這些是磨光材還是黑皮材。
這個尺寸表要當做設計時手邊的常備資料來活用。附錄3～5也一樣。

附錄3　板材的標準尺寸（部分例）

【SPCC】（單位：mm）

	SPCC
1.0	●
1.2	●
1.6	●
2.0	●
2.3	●
3.2	●

附錄4　圓棒的標準尺寸（部分例）

（單位：mm）

直徑	SS400	S45C	SK4	SUS304	SUS303	A5052	A7075
3	●	●	●				
4	●	●	●				
5	●	●	●			●	
6	●	●	●			●	
7	●	●	●				
8	●	●	●	●	●	●	
9	●	●	●	●			
10	●	●	●	●	●	●	●
11	●	●	●				
12	●	●	●	●			●
13	●	●	●	●	●		
14	●	●	●	●	●		●
15	●	●	●	●		●	●
16	●	●	●	●	●	●	●
17	●	●	●				
18	●	●	●	●		●	●
19	●	●	●	●	●		
20	●	●	●	●	●	●	●
22	●	●	●	●	●	●	
25	●	●	●	●	●		●
28	●	●	●	●	●		
30	●	●	●	●		●	●
32	●	●	●	●			
35	●	●	●	●	●	●	●
38	●	●	●	●	●		
40	●	●	●	●	●	●	●
42	●	●	●	●	●		
45	●	●	●	●	●	●	●
50	●	●	●	●	●	●	●

附錄 5　角棒的標準尺寸（部分例）

（單位：mm）

尺寸	正方形					六角形（對邊尺寸）			
	SS400	S45C	SUS304	SUS303	A6063	SS400	S45C	SUS304	SUS303
4	●					●	●		
5	●					●	●		
5.5						●	●		
6	●	●			●	●	●		
7	●	●				●	●		
8	●	●			●	●	●	●	●
9	●	●				●	●		
10	●	●	●	●	●	●	●	●	●
11						●	●		
12	●		●	●	●				
13		●							
14	●		●		●	●	●	●	●
16	●	●		●	●				
17	●					●	●		
19	●	●	●	●	●	●	●	●	●
20	●		●	●		●			
21						●	●		
22	●	●		●		●	●	●	●
24						●	●	●	●
25	●	●	●	●	●				
26						●	●	●	●
27						●	●		
30	●		●	●	●	●	●	●	●
32	●	●	●	●	●	●			
35	●			●				●	●
36						●	●		
38	●	●	●		●			●	●
40	●		●	●	●				
41						●	●		
45	●	●	●	●	●				
46						●	●	●	
50	●	●	●	●	●	●	●	●	

索引

國家圖書館出版品預行編目資料

圖解加工材料 / 西村仁著；陳嘉禾譯 . -- 初版 . -- 臺北市：易博士
文化，城邦文化出版：家庭傳媒城邦分公司發行，2018.03 面；
公分 . -- (最簡單的生產製造書；2) 譯自：加工材料の知識がやさ
しくわかる本
ISBN 978-986-480-042-1(平裝)

1. 工程材料

440.3　　　　　　　　　　　　　　　　　　　　　107003910

DA3002
圖解加工材料

原 著 書 名／加工材料の知識がやさしくわかる本
原 出 版 社／日本能率協会マネジメントセンター
作　　　者／西村仁
譯　　　者／陳嘉禾
選 書 人／蕭麗媛
責 任 編 輯／莊弘楷
總 編 輯／蕭麗媛

發 行 人／何飛鵬
出　　　版／易博士文化
　　　　　　城邦事業股份有限公司
　　　　　　台北市南港區昆陽街16號4樓
　　　　　　電話：(02)2500-7008 傳真：(02)2502-7676 E-mail：ct_easybooks@hmg.com.tw
發　　　行／英屬蓋曼群島商家庭傳媒股份有限公司城邦分公司
　　　　　　台北市南港區昆陽街16號5樓
　　　　　　書虫客服服務專線：(02)2500-7718、2500-7719
　　　　　　服務時間：周一至週五上午0900:00-12:00；下午13:30-17:00
　　　　　　24小時傳真服務：(02)2500-1990、2500-1991
　　　　　　讀者服務信箱：service@readingclub.com.tw
　　　　　　劃撥帳號：19863813　戶名：書虫股份有限公司
香港發行所／城邦（香港）出版集團有限公司
　　　　　　地址：香港九龍土瓜灣土瓜灣道86號順聯工業大廈6樓A室
　　　　　　電話：(852)25086231　傳真：(852)25789337
　　　　　　E-MAIL：hkcite@biznetvigator.com
馬新發行所／城邦（馬新）出版集團 Cite (M) Sdn Bhd
　　　　　　41, Jalan Radin Anum, Bandar Baru Sri Petaling, 57000 Kuala Lumpur, Malaysia.
　　　　　　Tel：(603)90563833　Fax：(603)90576622
　　　　　　Email：services@cite.my

視 覺 總 監／陳栩椿
美 術 編 輯／簡至成
封 面 構 成／簡至成
製 版 印 刷／卡樂彩色製版印刷有限公司

Original Japanese title: KAKOU ZAIRYOU NO CHISHIKI GA YASASHIKU WAKARU HON
Copyright © Hitoshi Nishimura 2013
Original Japanese edition published by JMA Management Center Inc.
Traditional Chinese translation rights arranged with JMA Management Center Inc.
through The English Agency（Japan）Ltd. and AMANN CO., LTD, Taipei.

2018年03月22日 初版
2024年06月07日 初版6刷
978-986-480-042-1

定價600元　　HK$200

城邦讀書花園
www.cite.com.tw